职业院校理论实践一体化系列教材（光伏专业）

# 光伏组件加工实训

郑 军 著

电子工业出版社
Publishing House of Electronics Industry
北京·BEIJING

## 内 容 简 介

本书以光伏组件（太阳能电池）生产加工的工作任务和岗位职业能力分析为基础，建立了"以工作过程为主线，项目课程为主体"的课程体系；以典型太阳能电池组件加工过程为载体，结合企业生产标准和技术规范，在操作实训中详细讲解了实用的工艺知识与岗位技能，突出实用性和工艺性，以操作为主，理论为辅，涵盖了太阳能电池工国家职业资格证书的操作考核内容和要求。全书分为9个项目，主要包括光伏组件加工基础，太阳能电池片的检测，EVA、TPT、钢化玻璃和焊料的制备，电池片的焊接工艺，激光划片、叠层和滴胶工艺，层压工艺，固化、装框与清洗，光伏组件的检测与装箱，光伏系统的设计、安装与施工，每个项目中包含相关知识、操作准备、任务要求、技术规格和标准、注意事项、操作过程和工艺、数据记录和实训总结评价等。

本书可作为职业院校光伏技术及相关专业的教材，也可作为从事太阳能电池生产和维修人员的培训及自学用书。

未经许可，不得以任何方式复制或抄袭本书之部分或全部内容。
版权所有，侵权必究。

**图书在版编目(CIP)数据**

光伏组件加工实训/郑军著.—北京：电子工业出版社，2010.9
职业院校理论实践一体化系列教材·光伏专业
ISBN 978-7-121-11767-1

Ⅰ. ①光… Ⅱ. ①郑… Ⅲ. ①太阳能电池-加工-专业学校-教材 Ⅳ. ①TM914.4

中国版本图书馆 CIP 数据核字（2010）第 173720 号

策划编辑：刘永成
责任编辑：刘永成
印　　刷：北京七彩京通数码快印有限公司
装　　订：北京七彩京通数码快印有限公司
出版发行：电子工业出版社
　　　　　北京市海淀区万寿路173信箱　邮编　100036
开　　本：787×1092　1/16　印张：10　字数：256千字
版　　次：2010年9月第1版
印　　次：2024年1月第14次印刷
定　　价：23.50元

凡所购买电子工业出版社图书有缺损问题，请向购买书店调换。若书店售缺，请与本社发行部联系，联系及邮购电话：(010)88254888，88258888。
质量投诉请发邮件至 zlts@phei.com.cn，盗版侵权举报请发邮件至 dbqq@phei.com.cn。
本书咨询联系方式：(010)88254583，zling@phei.com.cn。

# 前 言

自从1839年法国科学家E.Becquerel发现光生伏特效应以来，太阳能发电技术已经经过了160多年漫长的发展历史。在20世纪50年代，美国贝尔实验室三位科学家首次研制成功实用的单晶硅太阳能电池，诞生了将太阳光能转换为电能的实用光伏发电技术，在太阳能电池发展史上起到了里程碑的作用。进入21世纪以来，发展太阳能发电（光伏发电）产业已经成为全球各国解决能源与经济发展、环境保护之间矛盾的最佳途径之一，光伏技术的发展变得十分迅猛，日新月异。

人们普遍认为，第一代太阳能电池主要是基于半导体晶片的，采用单晶硅、多晶硅或GaAs材料制作完成，其生产技术和工艺已十分成熟可靠。第二代太阳能电池是基于薄膜技术的，主要包括多晶硅、非晶硅、碲化镉以及铜铟硒等材料的薄膜太阳能电池。第三代太阳能电池是21世纪太阳能电池的主要发展方向，主要有叠层太阳能电池、纳米太阳能电池等。

本书以第一代太阳能电池为对象，系统地介绍了光伏（太阳能电池）组件生产各个环节的加工工艺，全书以产品加工工序为主线，共分为九章，主要包括光伏组件加工基础，太阳能电池片的检测，EVA、TPT、钢化玻璃和焊料的制备，电池片的焊接工艺，激光划片、层叠及滴胶工艺，层压工艺、固化、清洗与装框工艺，光伏组件的检测与装箱；光伏系统的安装与施工。为更好地使职业教育与企业实际用人需求相接轨，探索职业教育教学的新方法和新理念，提升光伏技术专业学生的操作技能和综合素质，本书依据光伏产业的最新发展动态，结合学校的实际教学需求而编写。

本书在编写过程中，得到了浙江省衢州市教育局、衢州中等专业学校、浙江乐叶光伏有限公司、华电集团乌溪江电厂、江苏常州市源光自动化设备有限公司的领导和技术人员的大力协助和指导，在此表示衷心感谢。

光伏技术是一门新兴的学科，其发展潜力巨大，新的技术、新工艺正在不断涌现，教学理念和教学方法也在不断发展和更新，由于时间仓促，加上作者的水平有限，书中不足之处在所难免，敬请读者批评指正。

作　者
2010年9月

# 目 录

1 光伏组件加工基础 ········································· 1
　1.1 光伏发电简介 ········································· 1
　1.2 光伏发电系统构成 ····································· 2
　1.3 光伏产业 ············································· 3
　1.4 太阳能电池类别 ······································· 4
　1.5 光伏组件及其加工工序 ································· 5
　1.6 6S 管理实训安全及环境保护意识 ······················· 8
　1.7 识读光伏产品加工技术文件及任务指令单 ················ 11
　阅读材料　生产车间管理制度 ····························· 12

2 太阳能电池片的检测 ······································ 14
　2.1 认识太阳能电池片 ···································· 14
　2.2 太阳能电池片的外观检测 ······························ 19
　2.3 电池片的电性能测试和分选 ···························· 22
　2.4 太阳能电池片表面特征检查 ···························· 24
　项目评价 ·············································· 29

3 EVA、TPT、钢化玻璃和焊料的制备 ························· 31
　3.1 EVA 裁剪与备料工艺 ·································· 31
　3.2 TPT 复合薄膜裁剪与备料工艺 ·························· 35
　3.3 钢化玻璃的备料、选购和检测 ·························· 38
　3.4 焊带和助焊剂的使用 ·································· 41
　3.5 EVA 的交联度测量 ···································· 45
　项目评价 ·············································· 47

4 电池片的焊接工艺 ········································ 49
　4.1 焊接工艺简介 ········································ 49
　4.2 手工焊接操作与工艺 ·································· 52
　4.3 电池片单片焊接操作工艺 ······························ 55
　4.4 电池片串联焊接操作工艺 ······························ 58
　项目评价 ·············································· 63

· V ·

# 5 激光划片、叠层和滴胶工艺 ………………………………………………………… 65
## 5.1 激光划片工艺 ……………………………………………………………… 65
## 5.2 拼接与叠层工艺 …………………………………………………………… 70
## 5.3 滴胶工艺 …………………………………………………………………… 76
项目评价 ………………………………………………………………………… 81

# 6 层压工艺 ………………………………………………………………………… 83
## 6.1 层压前组件串测试工艺 …………………………………………………… 83
## 6.2 半自动层压操作工艺 ……………………………………………………… 85
## 6.3 全自动层压操作工艺 ……………………………………………………… 90
## 6.4 YG—Y—Z 型全自动层压机介绍 ………………………………………… 95
项目评价 ………………………………………………………………………… 99

# 7 固化、装框与清洗 ……………………………………………………………… 101
## 7.1 光伏组件的固化 …………………………………………………………… 101
## 7.2 光伏组件装框 ……………………………………………………………… 104
## 7.3 接线盒安装 ………………………………………………………………… 109
## 7.4 组件清洗 …………………………………………………………………… 112
项目评价 ………………………………………………………………………… 115

# 8 光伏组件的检测与装箱 ………………………………………………………… 117
## 8.1 认识光伏组件 ……………………………………………………………… 117
## 8.2 光伏组件的性能测试 ……………………………………………………… 121
## 8.3 耐压测试操作 ……………………………………………………………… 124
## 8.4 光伏组件包装与装箱操作 ………………………………………………… 128
项目评价 ………………………………………………………………………… 131

# 9 光伏系统的设计、安装与施工 ………………………………………………… 133
## 9.1 光伏方阵的设计 …………………………………………………………… 133
## 9.2 光伏系统的安装施工 ……………………………………………………… 137
## 9.3 光伏系统的维护与管理 …………………………………………………… 140
## 9.4 光伏组件的返修与服务 …………………………………………………… 142
项目评价 ………………………………………………………………………… 149

# 参考文献 …………………………………………………………………………… 151

# 1 光伏组件加工基础

## 1.1 光伏发电简介

石油、煤炭等传统的化石燃料能源正在一天天逐渐减少,其使用过程中对环境造成的污染也日益突出。科学告诉我们,太阳每秒辐射到地球表面的能量高达80万千瓦时,假如把其中0.1%的能量转化为电能,以5%的转换率计算,每年发电量可达$5.6 \times 10^{12}$千瓦时,相当于当前世界每年能量消耗的40倍,太阳能是取之不尽、用之不竭、无污染、绿色环保、人类能够随时随地可以自由利用的能源,因此,太阳能发电的发展潜力十分巨大。

**小知识**

$1kW \cdot h$(千瓦时)电能为1度电,数值上等于功率为$1kW$的电器运行$1h$所耗费的电能。

利用光生伏特效应,把太阳光能直接转换成电能的过程,称为光伏发电,也称为太阳能发电,相应的产业称为光伏产业。当太阳光或其他光照射到半导体的PN结上时,PN结吸收光子的能量,产生数量相等的正、负电荷,在电场力的作用下,这些电荷被迁移到PN结的两侧,从而形成电动势,这就是光生伏特效应。如果外接用电设备形成回路,就可以形成电流。

**小知识**

PN结是指在一块纯净的半导体材料(如硅片)相邻的两个区域分别掺入少量其他元素,如磷和铝等,在它们的交界面上所形成一块特殊的区域。

近年来国际上光伏发电技术发展迅速,世界上已经建成了10多个兆瓦级光伏发电系统,6座兆瓦级的联网光伏电站。美国是最早制定光伏发电发展规划的国家,1997年又提出了"百万屋顶"计划;日本1992年启动了新阳光计划,截至2003年日本光伏组件生产数量占全世界的50%,世界前10大光伏厂商有4家在日本;而德国新可再生能源法规定了光伏发电入网电价,大大推动了光伏发电市场和产业的发展,德国已成为继日本之后世界光伏发电发展最快的国家;瑞士、法国、意大利、西班牙、芬兰等国,也纷纷制定了光伏发展计划,并投巨资进行技术开发和加速光伏发电的产业进程。

中国地处北半球,在广阔的土地上有着丰富的太阳能资源,大多数地区年平均日辐射量在$4kW \cdot h/m^2$以上,西藏日辐射量最高达$7kW \cdot h/m^2$,年日照时数大于$2000h$。中国与同纬度的其他国家相比,太阳能资源与美国相近,比欧洲、日本优越得多。我国每年太阳能理论储量相当于17 000亿吨标准煤,因此太阳能资源开发利用的潜力非常大。

中国光伏发电产业于20世纪70年代起步,90年代中期进入稳步发展时期。经过30多年的努力,已迎来了快速发展的新阶段,太阳能电池及其组件产量逐年稳步增加。在"光明工程"、"送电到乡"和"金太阳工程"等国家大型项目及世界光伏市场的有力拉动下，我国光伏发电产业发展迅猛。到 2008 年年底，全国光伏系统的累计装机容量达到 120MW，从事太阳能电池生产的企业达到 60 余家，太阳能电池生产能力达到 3000MW/年，实际年产量达到 1200MW，已超过日本和欧洲，并已初步建立起从原材料生产到光伏系统建设等由多个环节组成的完整产业链。特别是多晶硅材料生产技术取得了重大进展，突破了年产千吨大关，突破了太阳能电池原材料生产的瓶颈制约，为我国光伏发电的规模化发展奠定了基础。2007 年是我国太阳能光伏产业快速发展的一年，受益于太阳能产业较好的前景，整个光伏产业出现了前所未有的投资热潮。

**小知识**

MW（兆瓦）为发电功率的单位，$1MW = 10^3 kW$。

**小提示**

金太阳工程：以国家财政补贴的形式，计划用 3 年的时间，在全国建立 500MW 的光伏发电示范项目若干个，以支持国内的光伏技术应用。

太阳能光伏发电在不远的将来会占据世界能源消费的重要地位，不但可替代部分常规能源，而且将成为世界能源供应的主体。预计到 2030 年，可再生能源在总能源结构中将占到 30% 以上，而太阳能光伏发电在世界总电力供应中所占的比例也将达到 10% 以上；到 2040 年，可再生能源将占总能耗的 50% 以上，太阳能光伏发电将占总电力供应的 20% 以上；到 21 世纪末，可再生能源在能源结构中将占到 80% 以上，太阳能发电将占到 60% 以上。这些数字足以显示出太阳能光伏产业的发展前景及其在能源领域重要的战略地位。预计到 2050 年，中国可再生能源的电力装机将占全国电力装机的 25%，其中光伏发电装机将占到 5%。未来十几年，我国太阳能装机容量的复合增长率将高达 25% 以上。

**小提示**

2009 年 12 月国内最大的地面并网型光伏电站——江苏徐州协鑫 20MW 光伏电站正式投入运行，该电站占地约 453 335m$^2$，投资回收周期为 12 年左右。

## 1.2 光伏发电系统构成

光伏发电系统由光伏组件（或光伏阵列）、控制器、蓄电池、逆变器等部分组成，如图 1-1 所示。

### 1. 光伏组件（PV Modules）

光伏组件是光伏发电系统中的核心部分，它由许多太阳能电池单元组成，可将太阳光能转换为电能，电能可以存储在蓄电池中，也可以直接向用电设备供电。大型的光伏发电系统采用光伏阵列，光伏阵列由若干块光伏组件构成。

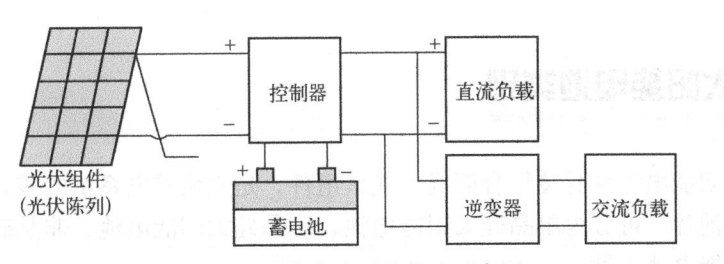

图 1-1 光伏发电系统构成示意图

**2. 控制器（Controller）**

控制器是整个光伏发电系统的控制中心，它能控制系统中各个部件的工作状态，还能对蓄电池起到过充电、过放电保护的作用。控制器还具有温度补偿的功能，用于温差较大的地方。有的控制器还具有光控开关、定时开关等其他附加功能。

**3. 蓄电池（Battery）**

蓄电池用于储存电能，在光照射光伏组件时将光伏组件输出的电能储存起来，在需要时向用电设备供电。在光伏发电系统中，常采用铅酸免维护蓄电池，在超小型系统中，常采用镍氢电池、镍镉电池或锂电池。

**4. 逆变器（Inverter）**

逆变器的作用是将直流电（DC，Direct Current）转换成交流电（AC，Alternate Current）。光伏组件输出12V、24V或48V直流电，通过逆变器转变成220V或380V的交流电，向用电设备供电。

## 1.3 光伏产业

光伏产业包括硅矿的开采、多晶硅的冶炼、单晶硅的提炼、单晶硅的拉棒及切片、光伏电池片的生产、电池组件封装以及光伏电站的建设和运行等环节，相关的产品依次为硅石、粗硅（工业硅）、多晶硅、单晶硅棒、单晶硅片、电池片、光伏组件和光伏阵列，其产业链如图1-2所示。

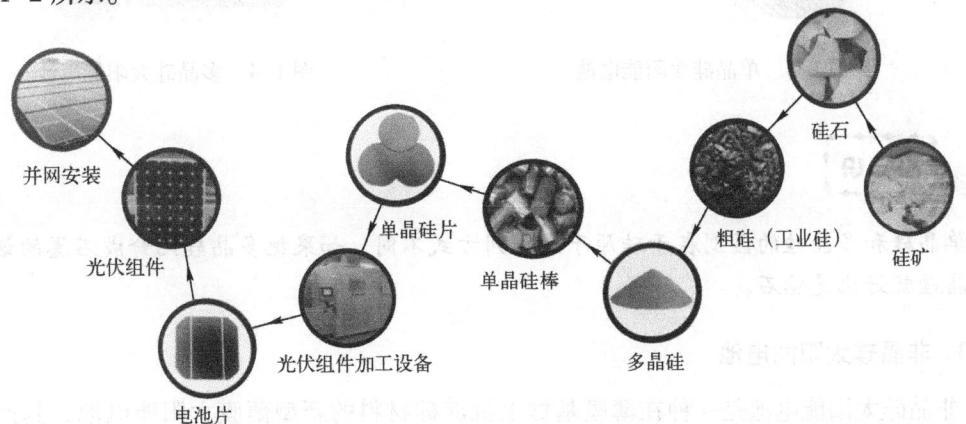

图 1-2 光伏产业链示意图

## 1.4 太阳能电池类别

由许多太阳能电池片封装组合而成的光伏组件，是光伏发电系统的核心单元。光伏组件内的太阳能电池片，可分为单晶硅太阳能电池、多晶硅太阳能电池、非晶硅太阳能电池和多元化合物太阳能电池 4 种。

### 1. 单晶硅太阳能电池

单晶硅太阳能电池由单晶硅片加工制作而成，其产品实物如图 1-3 所示。它的光电转换效率一般为 15% 左右，最高可达 24%，单晶硅太阳能电池是目前所有种类的太阳能电池中光电转换效率最高的，但其制作成本高，制作工艺难度大。将单晶硅太阳能电池片采用钢化玻璃以及防水树脂进行封装后，其使用寿命一般可达 15 年，最高可达 30 年。

### 2. 多晶硅太阳能电池

多晶硅太阳电池采用多晶硅片为原料加工制作而成，其产品实物如图 1-4 所示。它的制作工艺与单晶硅太阳能电池相似，多晶硅太阳能电池的光电转换效率相对较低，一般为 12% 左右。从制作成本上来讲，多晶硅太阳能电池比单晶硅太阳能电池要便宜一些，其材料制备简便，能源消耗相对较低，总的生产成本较低。但多晶硅太阳能电池的使用寿命比单晶硅太阳能电池短。从性价比上分析，单晶硅太阳能电池比多晶硅太阳能电池性价比要高。

图 1-3　单晶硅太阳能电池　　　　　　图 1-4　多晶硅太阳能电池

**小知识**

单晶硅和多晶硅的区别在于硅原子的排列方式不同，如果把多晶硅比喻成石墨的话，那么单晶硅就好比是钻石。

### 3. 非晶硅太阳能电池

非晶硅太阳能电池是一种在薄膜基材上沉淀硅材料的新型薄膜太阳能电池，其产品实物如图 1-5 所示。它与单晶硅和多晶硅太阳能电池的制作方法完全不同，工艺过程相对大

为简化，硅材料消耗很少，电能消耗更低，它的主要优点是在光强较弱的条件下也能发电。非晶硅太阳能电池存在的主要问题是光电转换效率偏低，稳定性也不高。其光电转换效率一般在6%左右，目前国际先进水平为10%，而且随着使用时间的延长，其转换效率会大幅衰减。

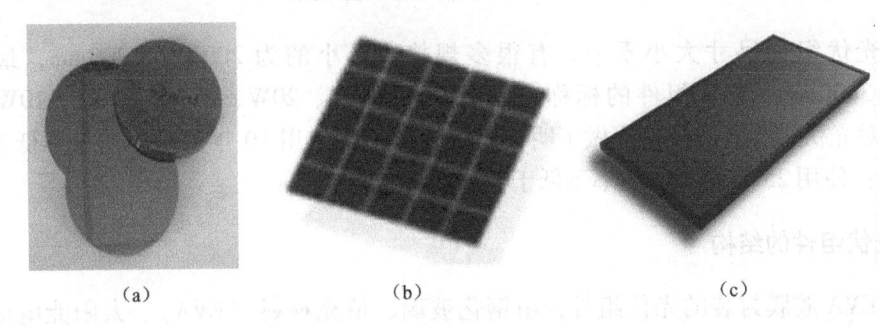

#### 4. 多元化合物太阳能电池

多元化合物太阳能电池采用多种半导体材料及其化合物制成，如图1-6所示。目前还属于开发试验和小批量生产阶段，尚未工业化生产，它的品种繁多，主要有硫化镉（CdS）太阳能电池、砷化镓（GaAs）太阳能电池和铜铟硒（CIS）太阳能电池。

单晶硅太阳能电池和多晶硅太阳能电池已在太阳能发电系统中得到了广泛的应用，而非晶硅和多元化合物太阳能电池的发展潜力巨大，是当前太阳能电池研究和发展的主要方向。

图1-5 非晶硅太阳能电池

(a)　　　　　　(b)　　　　　　(c)

图1-6 多元化合物太阳能电池

## 1.5 光伏组件及其加工工序

### 1.5.1 光伏组件分类及结构

太阳能电池片是光电转换的最小单元，尺寸一般为4～100cm²，大规模工业化生产的太阳能电池片，具有输出电压、电流和功率小的电气特性，例如125mm×125mm规格的太阳能电池，其输出电压为0.5V，工作电流约为20～25mA/cm²，输出功率一般只有2W左右，通常不单独作为电源使用；同时太阳能电池片非常薄脆，不方便操作和使用。将许多太阳能电池片用串、并联的方法组合封装在一起，能独立作为光伏发电设备使用的单元，该单元称为组件，也称为光伏组件，或太阳能电池组件。将太阳能电池片封装成组件后，其功率一般为几瓦到几十瓦或100～200W，可以单独作为电源使用。因此，只有将太阳能电池片经过加工和封装形成光伏组件才能获得数值较大的输出电压和功率，同时适应室外恶劣条件的大规模应用。

#### 1. 光伏组件的分类

光伏组件的封装工艺有真空玻璃封装、滴胶封装和EVA（Ethylene-vinyl acetate copolymer，乙烯-醋酸乙烯共聚物）胶膜封装3种，如图1-7所示。由于EVA胶膜封装方法简单易行、成本低，非常适合工业化生产，目前大部分的光伏组件生产都采用EVA胶膜封装技术，输出功率在2W以下的太阳能电池板通常采用滴胶工艺封装。

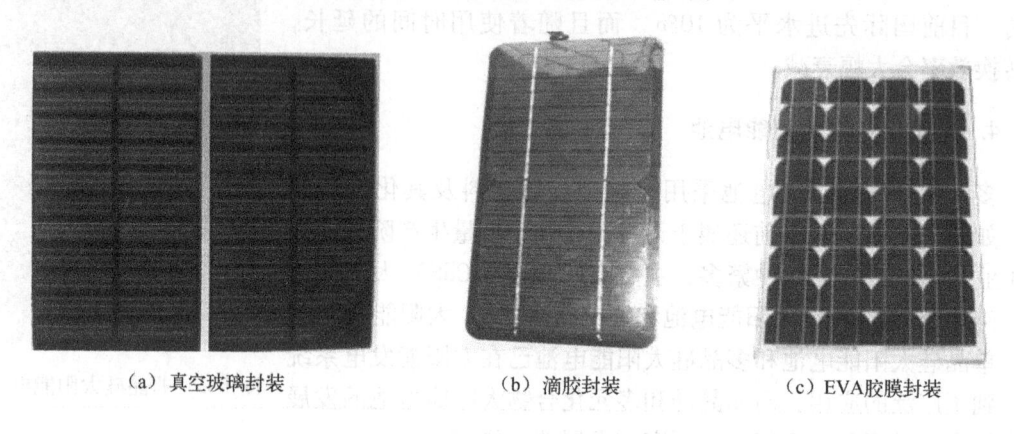

（a）真空玻璃封装　　　　（b）滴胶封装　　　　（c）EVA胶膜封装

图1-7　不同封装类型光伏组件

目前光伏组件尺寸大小不一，有很多规格，最小的为200mm×200mm，最大的为2300mm×3600mm。光伏组件的标称功率有2W、10W、20W、40W、80W、110W、230W等。我国对光伏组件的输出功率做了明确规定，要求其使用10年内输出功率不低于标称功率的90%；使用25年内输出功率不低于标称功率的80%。

**2. 光伏组件的结构**

采用EVA胶膜封装的光伏组件，由钢化玻璃、填充材料（EVA）、太阳能电池片、引线、接线盒、接线端子、背垫和铝框部件构成。

（1）钢化玻璃。光伏组件中采用的是低铁钢化玻璃，钢化玻璃的性能要符合国家标准GB 9963—1988，使用其封装后的光伏组件抗冲击性能需达到地面用硅太阳能电池环境试验方法（国家标准GB 9535—1988）中规定的性能指标。在太阳能电池光谱响应的波长范围内（320～1100nm）透光率达90%以上，对于波长大于1200nm的红外光有较高的反射率。同时要求钢化玻璃耐紫外光的辐射，长期使用其透光率不下降。

（2）EVA。EVA是一种热融胶黏剂，光伏组件中其填充膜厚度为0.5mm左右，表面平整、厚度均匀，内含交联剂。常温下无黏性且具抗黏性，经过一定热压便发生熔融黏结与交联固化，形成完全透明的薄层。固化后的EVA可承受大气压变化且具有弹性，它将太阳能电池基片"上盖下垫"，将其包封，并和上层保护材料——玻璃，下层保护材料——背板（TPT等）合为一体。另一方面，它和玻璃黏合后能提高玻璃的透光率，起着增透的作用，对太阳能电池板的功率输出有增益作用。

（3）背板。背板是指太阳能电池板背面的保护材料，一般为TPT、BBF等含氟类塑料薄膜。这些保护材料具有良好的抗环境侵蚀能力、绝缘能力，并且可以和EVA良好黏结。太阳能电池的背面覆盖物——含氟塑料薄膜为白色，对阳光起反射作用，因此可提高电池片的光电转换效率，并因其具有较高的红外光反射率，还可以降低电池板的工作温度，有利于保证电池板的转换效率。含氟塑料薄膜也满足了太阳能电池封装所要求的耐老化、耐腐蚀、不透气等基本要求。

(4) 接线盒。接线盒一般由 ABS（Acrylonitrile-Butadine-Styrene，丙烯腈、丁二烯和苯乙烯的三元共聚物）制成，并加有防老化和抗紫外辐射剂，能确保在室外使用 25 年以上不出现老化破裂现象。接线柱由外表面镀有镍的铜制成，可以确保电气连接的可靠性。接线盒用硅胶黏结在背板表面。

(5) 铝合金边框。光伏组件边框采用硬质铝合金制成，其表面氧化层厚度大于 $10\mu m$，可以保证在室外环境使用长达 25 年以上。

## 1.5.2 光伏组件的加工工序

光伏组件加工工艺是太阳能光伏产业链的重要组成部分，通过此环节将一片片脆弱的太阳能电池片封装成可以在恶劣的户外环境下能可靠运行的光伏组件。光伏组件的加工工序分为电池片检测、电池片焊接、组件层叠、组件层压、边框和接线盒安装、成品测试和包装入库等多道工序，如图 1-8 所示。

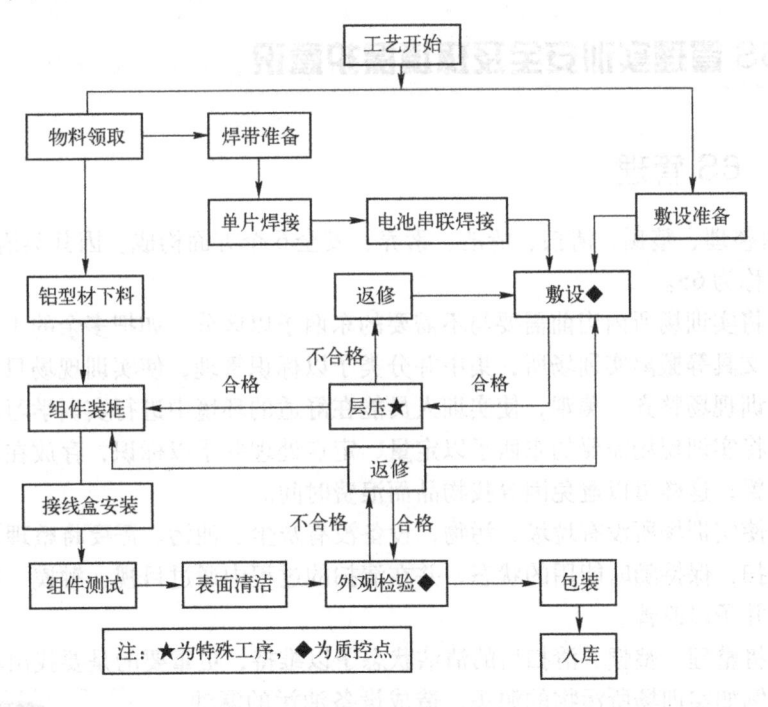

图 1-8 工艺流程图

(1) 电池片检测。批量生产的电池片其性能不尽相同，为了有效地将性能一致或相近的电池片组合在一起，应根据其性能参数进行分类。通过测试电池片的输出参数，对其进行分类，以提高电池片的利用率，做出质量合格的光伏组件。

(2) 电池片单片焊接。将汇流带焊接到电池片正面（负极）的主栅线上形成导电通路。

(3) 电池片的串联焊接。将若干片电池串接在一起形成一个组件串。

(4) 层叠。将组件串、玻璃和切割好的 EVA、玻璃纤维、背板按照一定的次序敷设好，准备进入下一工序。

（5）层压。将敷设好的电池放入层压机内，通过抽真空将组件内的空气抽出，然后加热使 EVA 熔化，将电池、玻璃和背板黏结在一起，最后冷却取出组件。

（6）边框安装。为组件安装边框可增加其强度，进一步密封电池组件，延长使用寿命。首先在铝合金边框凹槽内均匀地涂覆硅胶，硅胶厚度适中，然后将组件嵌入铝合金凹槽中，用螺丝刀将不锈钢自攻螺钉拧入铝合金安装孔。

（7）接线盒安装。在组件背面引线处焊接接线盒，以利于组件与其他设备及其内部的电池片间的连接。首先将引出端的汇流带短接，对层压完毕的组件进行放电，在接线盒边缘靠近组件边缘处引出汇流带，将接线盒平放在工作台上。然后用注胶枪在基底上涂覆硅胶，将接线盒固定于组件正中间。

（8）成品组件测试。成品组件测试包括高压测试和等级测试，进行高压测试时，在组件边框和电极引线间施加一定的电压，测试组件的耐压性能和绝缘强度，以保证组件在恶劣的自然条件下（如雷击等）不被损坏。等级测试的目的是对电池的输出功率进行标定，测试其输出特性，确定组件的质量等级。

## 1.6　6S 管理实训安全及环境保护意识

### 1.6.1　6S 管理

6S 管理由整理、整顿、清扫、清洁、素养、安全 6 个方面构成。因其英语发音都是以 S 开头，故而被称为 6S。

整理是指将实训场所内当前需要与不需要的东西予以区分。如把多余的工具、材料、半成品、成品、文具等搬离实训场所，集中并分类予以标识管理，使实训现场只保留当前需要的东西，让实训现场整齐、美观，使实训人员能在舒适的环境中进行实训学习。

整顿是指将实训现场需要的东西予以定量、定点处理并予以标识，存放在使用时能随时可以拿到的位置，这样可以避免因寻找物品而浪费时间。

清扫是指使实训场所没有垃圾、污物，设备没有灰尘、油污。需要将整理、整顿过的东西时常予以清扫，保持随时能用的状态，并在清扫的过程中通过目视、触摸、嗅、听来发现不正常的根源并予以改善。

清洁是指将整理、整顿、清扫后的清洁状态予以维持，更重要的是要找出不清洁的根源并予以排除。例如实训场所污物的源头，造成设备油污的漏油点，设备的松动等原因和现象。

素养就是全员参与整理、整顿、清扫、清洁的实训，保持整齐、清洁的实训环境，为了做好这个实训而制订各项相关标准供大家遵守，同时使大家都能养成遵守标准的习惯。

安全是指将实训场所可能造成安全事故的发生源予以排除或预防。如应将可能导致电气设备损坏、地面油污、过道堵塞、安全门堵塞、灭火器失效、材料和成品堆积过高有倒塌危险等的不良因素进行预防或排除，如图 1-9 所示为实训场地保证安全的一项预防措施标牌。

图 1-9　保证安全的预防措施

实训场所实行6S管理可以提升实训场所形象、提高实训效率、保证实训质量和有效性，提高实训设备的使用寿命、减少实训材料的浪费、降低成本，从而保证安全有序地开展实训工作。

### 1.6.2 实训安全

实训场所的安全主要是指人身安全和设备安全，应防止生产中发生意外安全事故，消除各类事故隐患。实训场所应通过制定各种规章制度以及利用各种方法与技术，使实训人员牢固确立"安全第一"的观念，使实训场所设备与实训人员的安全防护得以保证。实训人员必须认真学习和贯彻有关安全生产、劳动保护的政策和规定，严格遵守安全技术操作规程和各项安全生产制度。

**1. 安全规章制度**

在实训室进行各项实训时，应遵守以下几项规章制度。
（1）参加安全活动，学习安全技术知识。
（2）认真执行交接班制度，交接班前必须认真检查本实训环节的设备和安全设施是否安全完好。
（3）精心操作，严格执行工艺规程，遵守纪律，记录清晰、真实、整洁。
（4）按时巡回检查，准确分析判断和处理生产过程中出现的异常情况。
（5）认真维护保养设备，发现缺陷应及时消除，并做好记录，保持作业场所的清洁。
（6）正确使用、妥善保管各种劳动防护用品、器具和防护器材、消防器材。
（7）严禁违章作业，及时劝阻和制止他人违章操作，发生异常现象时应及时向值班教师或实训指导老师报告。

**2. 实训室管理安全规则**

为了便于开展实训活动，应遵守以下几项实训室安全规则。
（1）实训室应保持整齐清洁。
（2）实训室内的通道、安全门进出口应保持畅通。
（3）工具、材料等应分类存放，并按规定安置。
（4）实训室内保持通风良好、光线充足。如在焊接工艺的实训中，应注意保持空气流通，以防对身体造成危害。
（5）安全警示标志醒目到位，各类防护器具放置可靠，方便使用。如图1-10所示为一些常用安全警示牌。
（6）进入实训室的人员应按实训要求佩戴实训人员标志卡，穿好实训服等其他劳动防护用品。

**3. 设备操作安全规则**

操作实训室设备时，应注意以下一些安全规则。
（1）严禁为了操作方便而拆下设备的安全装置。
（2）使用工具和设备前应熟读其使用和操作说明书，并按操作规程正确操作。
（3）未经许可，不得擅自操作使用不熟悉的设备。
（4）禁止未经许可多人同时操作同一台设备。

|(a) 小心发热物体|(b) 小心发热转动|(c) 禁止触摸|(d) 禁止衣着化纤品|
|---|---|---|---|
|(e) 禁止吸烟|(f) 禁止烟火|(g) 禁止带火种|(h) 禁止用水灭火|
|(i) 禁止放易燃物|(j) 禁止启动|(k) 禁止驶入|(l) 禁止合闸|

图1-10 安全警示牌示例

（5）定时维护、保养设备。发现设备故障应做记录，并请专人维修。
（6）如发生事故应立即停机，切断电源，并及时报告指导教师，注意保持现场。
（7）严格执行安全操作规程，严禁违规进行实训操作。

### 1.6.3 环境保护常识

环境保护是指人类为解决现实或潜在的环境问题，协调人类与环境的关系，保障社会经济持续发展而采取的各种行动。新型能源的绿色环保特点使太阳能发电产业迅速崛起，然而光伏组件生产环节中的"高污染"却给原本是"绿色"的产业抹上了黑色的一笔。一些被寄予厚望的光伏高新技术企业，被披露随意倾倒工业副产品如四氯化硅等，严重污染了周边的村庄、农田、河流和空气，造成很多不良的影响。

工业和信息化部制定的《电子产品生产污染防治管理法》明确禁止相关电子产品类含铅生产、加工和销售。因此，对于光伏实训的焊接工艺，应做到焊料、元器件、PCB板和焊接设备的无铅化。配套采用的助焊剂应降低醇类溶剂的使用，逐步推广环保助焊剂，推行RoHS标准。

RoHS为欧盟议会和欧盟理事会于2003年1月通过的一项指令，其全称是The Restriction of the Use of Certain Hazardous Substances in Electrical and Electronic Equipments，即在电子电气设备中限制使用某些有害物质的指令，其中明确规定了6种有害物质的最大限量值。这6种有害物质为镉（Cd）、铅（Pb）、汞（Hg）、6价铬（$Cr^{6+}$）、多溴联苯（PBB）、多溴联苯醚（PBDE）。

## 1.7 识读光伏产品加工技术文件及任务指令单

技术文件是实训加工过程中的操作依据和操作指南，它分为设计文件和工艺文件。正确识读技术文件和任务指令单可确保实训正常进行。

### 1.7.1 光伏产品的设计文件

设计文件分为试制文件和生产文件，它是产品在研究、设计、实验、测试、试制、定型和生产过程中累积和形成的图样及技术资料，其中规定了产品的组成、外形、结构、尺寸、工作原理以及在制造、验收、使用、维护和修理过程中所必需的技术数据和相关说明，是组织规范化、标准化生产的基本依据。光伏组件生产加工常用的设计文件有装配图、安装图、电路原理图、技术条件规范和技术说明书等。

（1）电路原理图。用电路图符号来描述光伏产品各部件或各单元之间的电气工作原理的图形。

（2）装配图。使用略图或示意图来描述光伏组件或光伏产品各组成部件之间相互连接和安装关系的图形。

（3）技术说明书。用于说明产品用途、性能、组成、工作原理和使用维护方法等技术特性的文档。

（4）技术条件规范。用来描述光伏产品质量、规格、使用条件及其检验方法等所做的技术规定。

（5）安装图。采用略图或示意图形式来指导光伏产品及其组成部分在使用地进行安装使用的图样。

### 1.7.2 光伏组件的工艺文件

工艺文件是光伏组件加工的基本依据之一。工艺文件用于描述产品在生产过程中采用的工艺及规程。工艺文件分为工艺流程文件和工艺图纸两种，工艺流程文件规定生产过程中各工序和工位的操作规范和技术要求。工艺图纸用图形来描述生产过程中的相关技术数据和技术资料。工艺文件要求在确保产品质量的同时，用最经济、最合理的工艺手段进行加工生产，它关注提高生产人员的技术水平，提高生产效率，保证安全生产，降低材料消耗及成本等，是组织生产过程不可缺少的规范和制度。

通过分析相关设计文件的装配图、安装图、电路原理图、技术条件、技术说明书，了解产品工作原理和技术特征。然后仔细阅读和熟记工艺文件中的任务目标、工艺要求、需要的物料清单和工具清单、实训场景、各工序的加工过程、实训准备、操作详细步骤、注意事项和需要记录的技术数据和资料。例如在实训准备中，要求穿好工作衣、工作鞋，戴好工作帽和手套。清洁工作台面、清理工作区域地面，做好工艺卫生，工具摆放整齐有序。

### 1.7.3 光伏组件加工的任务指令单

任务指令单是指下达给每个工序、每个实训在规定时期内要求完成的实训任务指令，也是光伏组件加工实训和生产中规定必须完成的任务。

## 阅读材料 生产车间管理制度

以下为国内某光伏企业组件车间的管理制度,借此可了解企业的管理情况。其正文如下。

为了加强生产车间管理,合理地调动员工的生产积极性,提高生产效率,特制定如下条款。

一、劳动纪津

尊重管理人员、礼貌待人,服从生产安排,听从指挥,有异常情况时及时主动向上级汇报。

二、生产着装制度

进入生产车间必须按着装标准穿防尘服,戴防尘帽,穿工作鞋。无特殊情况任何人不得穿便装进入生产区域。

三、设备、工具安全管控

操作设备、仪器时必须持有相关岗位上岗证,所有人员操作设备、仪器必须按设备操作规程正确操作,无上岗证一律不得操作机器或修改设备参数(相关技术人员除外)。在未经部门负责人许可的情况下,不得擅自将拆卸的设备、仪器、工具等带出生产车间,不得破坏任何仪器和设备,生产人员有责任保护公司财产,有责任举报任何损坏公司财产的行为。

四、生产区域制度

车间内不得使用移动电话,不可进行与产品生产无关的活动。工作中员工应积极配合,发挥团队精神,不得消极怠工。

五、保密制度

未经许可,不得将公司生产文件带出厂区,不得向与生产无关的任何人以任何方式泄露生产文件内容,全体员工都有保守公司秘密的义务。在对外交往合作中,须特别注意不泄露公司秘密,更不准出卖公司秘密,公司秘密包括以下事项:

(1)公司经营发展决策中的秘密事项状况;
(2)人事决策中的秘密事项;公司未向公众公开的财务状况;
(3)专有生产技术及新生产技术;
(4)重要的合作、客户和贸易渠道;
(5)招标项目的标底、合作条件、贸易条件。

希望各员工遵守保密制度规定,否则公司有权追究其法律责任。

六、物料管控制度

未经相关管理人员批准,不得私自挪用公司财物、生产所有的物料。未经部门负责人以上人员书面批准，不得将公司任何财物私自带出厂区，一旦发现立即移交当地司法机关处理。

### 七、岗位（6S）制度

6S即整理、整顿、清扫、清洁、素养、安全。车间内各科室、工厂内严格按照6S的要求执行。

### 八、请假制度

员工必须按时上下班，不迟到，不早退，上班时间不得擅自离开工作岗位，外出办事须经本企业部门负责人同意。严格请销假制度。员工因私事请假3天以内的（含3天）由主管部门负责人批准，4天以上的，报上一级部门负责人批准。请病假须持有医院证明，未经领导批准擅离工作岗位的按旷工处理。上班时间禁止外出办私事、饮茶，或未经批准接待亲友，违反者当天按旷工处理。迟到、早退按月累计。员工按国家规定享受公休假、探亲假、产假、婚假，产育假、节育手术假须凭有关证明资料报管理人员批准，未经批准者按旷工处理。

### 九、奖罚制度

奖励制度如下：
(1) 优秀员工通过员工推荐，本人自荐或公司提名；
(2) 检查委员会或检查部门汇同劳动人事部门审核；
(3) 董事会或总经理批准，其中属董事会聘用的员工，其奖励由检查委员会审核，董事会批准；属总经理聘用的员工由总经理批准。

员工有下列行为之一，经批评教育不改的，视情节轻重，分别给予扣除一定时期的奖金，扣除部分工资，以及进行罚款、警告、记过、降级、辞退、开除等处分。
(1) 违反国家法律法规、政策和公司规章制度，造成经济损失或不良影响的；
(2) 违反劳动法规，经常迟到、早退、旷工、消极怠工、没完成生产任务或作业任务的；
(3) 不服从工作安排、调动和指挥或无理取闹，影响生产秩序、工作秩序的；
(4) 工作不负责，损坏设备、工具、浪费原材料、能源，造成经济损失的；
(5) 玩忽职守，违章操作或违章指挥，造成经济损失或事故的；
(6) 利用职权对员工打击报复或包庇员工违法乱纪行为的。

员工有上述行为的，情节严重触犯刑律的提交司法部门依法处理；造成公司经济损失的，除按上述条例规定承担应负的责任外，加倍赔偿公司损失。

# 2 太阳能电池片的检测

## 2.1 认识太阳能电池片

### 2.1.1 太阳能电池片的分类

工业上大批量生产的单晶硅和多晶硅太阳能电池片，是采用690mm×690mm的单晶硅或多晶硅材料制成的，通过切割成25块125mm×125mm（5英寸）或16块156mm×156mm（6英寸）的硅片，然后经过抛光和其他处理加工而成，常见的太阳能电池片分为以下四类，如表2-1所示。

表2-1 太阳能电池片的分类

| 形 态 | 直径（mm） | 代 号 |
|---|---|---|
| 单晶硅 | 125 | TDB125 |
| 单晶硅 | 156 | TDB156 |
| 多晶硅 | 125 | TPB125 |
| 多晶硅 | 156 | TPB156 |

电池片的基片材料为P型单（多）晶硅，其表面覆盖有氮化硅减反射膜。单晶硅电池片一般有倒角和绒面。单晶硅电池片和多晶硅电池片可以从外观上进行区分，多晶硅片的表面常伴有有大面积的冰花状花纹，而单晶硅电池片则是细小而均匀的颗粒，另外单晶硅片一般呈现为偏黑色，多晶硅片一般呈现为偏蓝色，需注意的是有一种绒面多晶硅电池没有呈现冰花状花纹，只能通过有无倒角的特征进行区分。

太阳能电池片按其用途又可分为地面晶体硅太阳能电池、海用晶体硅太阳能电池和空间晶体硅太阳能电池。空间晶体硅太阳能电池具有地面用晶体硅太阳电池所不具备的抗高能辐射的特性。太阳能电池片实物如图2-1所示。

太阳能电池片外形规格如表2-2所示。

表2-2 太阳能电池片外形规格

| 电池类型 | 边长 $a$（mm） | 对角线 $h$（mm） | 厚度 $d$（μm） |
|---|---|---|---|
| 单晶硅太阳电池125 | 125.0±0.5 | 150 | 200±40 |
| 单晶硅太阳电池156 | 156.0±0.5 | 200.0±1.0 | 200±40 |
| 多晶硅太阳电池125 | 125.0±0.5 | 175.4±1.0 | 200±40 |
| 多晶硅太阳电池156 | 156.0±0.5 | 219.2±1.0 | 200±40 |

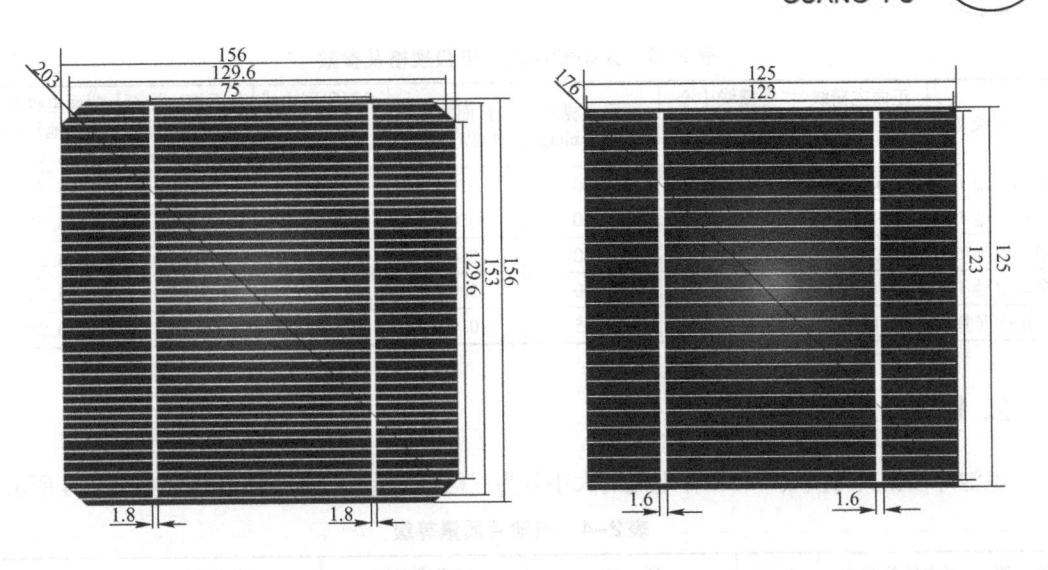

图 2-1 太阳能电池片实物

## 2.1.2 规格及参数

太阳能电池片的正面电极为负极,电极材料为丝网印刷用银浆;背面电极为正极,电极材料为丝网印刷用银浆或银铝浆。太阳能电池片典型尺寸如图 2-2 所示,典型印刷参数如表 2-3 所示。

(a) 125mm×125mm　　(b) 156mm×156mm

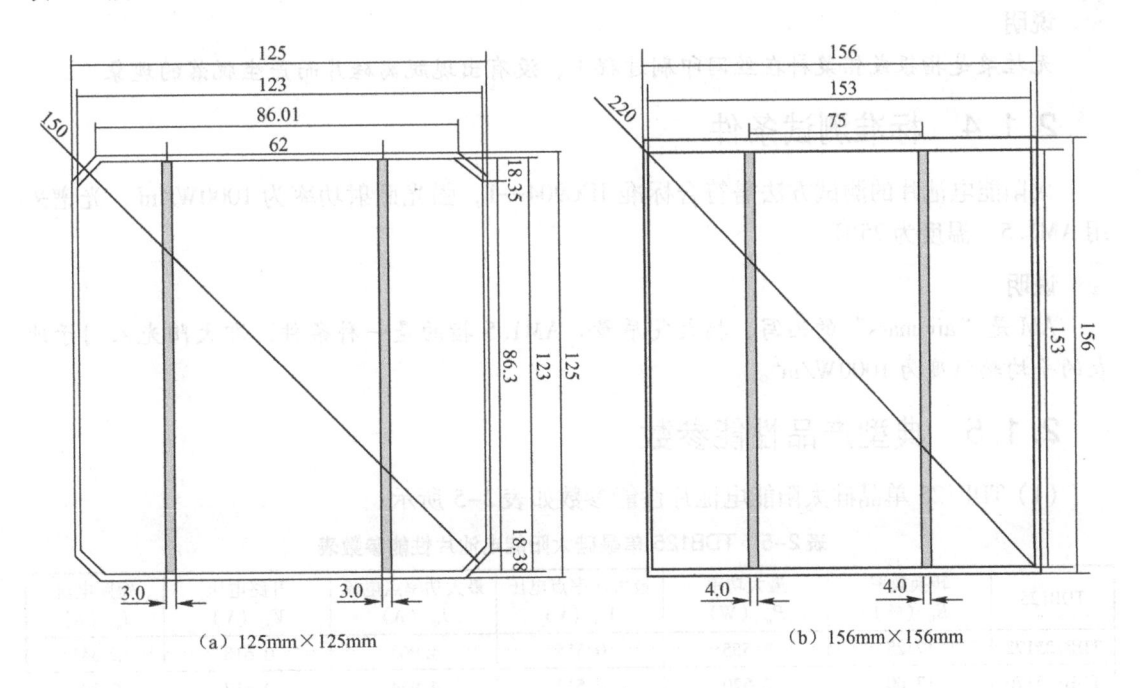

图 2-2 太阳能电池片规格示意图

表2-3 太阳能电池片电极规格及参数

| 电池类型 | 正面主栅线中心间距（mm） | 主栅线中心到电池边沿距离（mm） | 正面主栅线宽度（mm） | 背面电极宽度（mm） | 正面印刷边线至电池片边沿距离（mm） | 背面铝边沿至电池片边沿距离（mm） | 背面电极端点至电池片边沿距离（mm） |
|---|---|---|---|---|---|---|---|
| 单晶电池125 | 62.50 | 31.25 | 1.80 | 3.00 | 1.80 | 1.00 | 5.50 |
| 单晶电池156 | 78.00 | 39.00 | 1.80 | 3.00 | 1.80 | 1.00 | 5.50 |
| 多晶电池125 | 62.50 | 31.25 | 1.80 | 3.00 | 1.80 | 1.00 | 5.50 |
| 多晶电池156 | 78.00 | 39.00 | 1.80 | 3.00 | 1.80 | 1.00 | 5.50 |
| 允许误差 | ±0.05 | ±0.05 | ±0.05 | ±0.05 | ±0.25 | ±0.25 | ±0.25 |

## 2.1.3 质量分档

电池片根据其转换效率和工作电流的大小分为三档：A1级、A2级和B级，如表2-4所示。

表2-4 电池片质量等级

| 等级 | 光电转换效率 | 正面 | 裂纹 | 细栅线断线 | 缺角和崩口 | 色差 |
|---|---|---|---|---|---|---|
| A1级 | 单晶≥14%<br>多晶≥13.5% | 无挂浆 | 无 | 长度不超过0.5mm，不超过3条且不连续分布 | 面积不超过0.5mm²，不超过3个 | 无明显色差 |
| A2级 | 单晶≥14%<br>多晶≥13.5% | 无挂浆 | 边缘裂纹长度不超过2mm且不超过1条 | 长度不超过1mm，不超过3条且不连续分布 | 面积不超过1mm²，不超过3个 | 无明显色差 |
| B级 | 单晶≥13.5%<br>多晶≥13.% | 无挂浆 | 边缘裂纹长度不超过5mm且不超过1条 | 长度不超过1mm，不超过3条且不连续分布 | 面和不超过1mm²，不超过3个 | 稍有色差 |

💬 **说明**

无挂浆是指银或铝浆料在丝网印刷过程中，没有出现脱离硅片而产生脱落的现象。

## 2.1.4 标准测试条件

太阳能电池片的测试方法需符合标准IEC904—1，强光照射功率为1000W/㎡，光谱采用AM1.5，温度为25℃。

💬 **说明**

AM是"air mass"的缩写，指大气质量。AM1.5指的是一种条件，即太阳光入射于地表的平均辐照度为$1000W/m^2$。

## 2.1.5 典型产品性能参数

（1）TDB125单晶硅太阳能电池片性能参数如表2-5所示。

表2-5 TDB125单晶硅太阳能电池片性能参数表

| TDB125 | 转换效率 $E_{ff}$（%） | 最大功率 $P_m$（W） | 最大功率点电压 $V_m$（V） | 最大功率点电流 $I_m$（A） | 开路电压 $V_{oc}$（V） | 短路电流 $I_{sc}$（A） |
|---|---|---|---|---|---|---|
| TDB125172 | 17.25 | 2.555 | 0.515 | 4.963 | 0.618 | 5.341 |
| TDB125170 | 17.00 | 2.520 | 0.512 | 4.924 | 0.617 | 5.309 |
| TDB125167 | 16.75 | 2.484 | 0.510 | 4.874 | 0.616 | 5.274 |
| TDB125165 | 16.50 | 2.449 | 0.508 | 4.819 | 0.614 | 5.234 |

续表

| TDB125 | 转换效率 $E_{ff}$（%） | 最大功率 $P_m$（W） | 最大功率点电压 $V_m$（V） | 最大功率点电流 $I_m$（A） | 开路电压 $V_{oc}$（V） | 短路电流 $I_{sc}$（A） |
|---|---|---|---|---|---|---|
| TDB125162 | 16.25 | 2.413 | 0.505 | 4.779 | 0.613 | 5.210 |
| TDB125160 | 16.00 | 2.377 | 0.502 | 4.7535 | 0.612 | 5.182 |
| TDB125157 | 15.75 | 2.340 | 0.499 | 4.693 | 0.611 | 5.162 |
| TDB125155 | 15.50 | 2.304 | 0.496 | 4.649 | 0.610 | 5.140 |
| TDB125152 | 15.25 | 2.267 | 0.491 | 4.621 | 0.608 | 5.120 |
| TDB125150 | 15.00 | 2.230 | 0.487 | 4.582 | 0.608 | 5.073 |
| TDB125147 | 14.75 | 2.192 | 0.483 | 4.547 | 0.608 | 5.056 |
| TDB125145 | 14.50 | 2.155 | 0.479 | 4.503 | 0.604 | 5.028 |
| TDB125135 | 13.50 | 2.038 | 0.474 | 4.303 | 0.603 | 4.913 |
| TDB125120 | 12.00 | 1.734 | 0.452 | 3.839 | 0.596 | 4.742 |

（2）TDB156 单晶硅太阳能电池片性能参数如表2-6所示。

表2-6　TDB 156 单晶硅太阳能电池片性能参数表

| TDB156 | 转换效率 $E_{ff}$（%） | 最大功率 $P_m$（W） | 最大功率点电压 $V_m$（V） | 最大功率点电流 $I_m$（A） | 开路电压 $V_{oc}$（V） | 短路电流 $I_{sc}$（A） |
|---|---|---|---|---|---|---|
| TDB156172 | 17.25 | 4.104 | 0.508 | 8.077 | 0.615 | 8.803 |
| TDB156170 | 17.00 | 4.044 | 0.503 | 8.038 | 0.613 | 8.763 |
| TDB156167 | 16.75 | 3.990 | 0.501 | 7.973 | 0.612 | 8.698 |
| TDB156165 | 16.50 | 3.935 | 0.499 | 7.889 | 0.611 | 8.620 |
| TDB156162 | 16.25 | 3.877 | 0.497 | 7.800 | 0.611 | 8.545 |
| TDB156160 | 16.00 | 3.818 | 0.494 | 7.725 | 0.610 | 8.494 |
| TDB156157 | 15.75 | 3.760 | 0.492 | 7.647 | 0.610 | 8.444 |
| TDB156155 | 15.50 | 3.700 | 0.489 | 7.565 | 0.610 | 8.398 |
| TDB156152 | 15.25 | 3.641 | 0.486 | 7.490 | 0.609 | 8.362 |
| TDB156150 | 15.00 | 3.581 | 0.483 | 7.419 | 0.608 | 8.338 |
| TDB156147 | 14.75 | 3.521 | 0.479 | 7.353 | 0.608 | 8.324 |
| TDB156145 | 14.50 | 3.461 | 0.476 | 7.274 | 0.608 | 8.306 |
| TDB156135 | 13.50 | 3.277 | 0.468 | 7.004 | 0.606 | 8.222 |
| TDB156120 | 12.00 | 2.784 | 0.453 | 6.152 | 0.600 | 7.826 |

（3）TPB125 多晶硅太阳能电池片性能参数如表2-7所示。

表2-7　TPB125 多晶硅太阳能电池片性能参数表

| TPB125 | 转换效率 $E_{ff}$（%） | 最大功率 $P_m$（W） | 最大功率点电压 $V_m$（V） | 最大功率点电流 $I_m$（A） | 开路电压 $V_{oc}$（V） | 短路电流 $I_{sc}$（A） |
|---|---|---|---|---|---|---|
| TPB125167 | 16.75 | 2.617 | 0.515 | 5.082 | 0.620 | 5.482 |
| TPB125165 | 16.50 | 2.578 | 0.508 | 5.075 | 0.618 | 5.418 |
| TPB125162 | 16.25 | 2.539 | 0.506 | 5.018 | 0.616 | 5.353 |
| TPB125160 | 16.00 | 2.500 | 0.506 | 4.941 | 0.615 | 5.279 |
| TPB125157 | 15.75 | 2.461 | 0.504 | 4.864 | 0.613 | 5.237 |

续表

| TPB125 | 转换效率 $E_{\mathrm{ff}}$（%） | 最大功率 $P_{\mathrm{m}}$（W） | 最大功率点电压 $V_{\mathrm{m}}$（V） | 最大功率点电流 $I_{\mathrm{m}}$（A） | 开路电压 $V_{\mathrm{oc}}$（V） | 短路电流 $I_{\mathrm{sc}}$（A） |
|---|---|---|---|---|---|---|
| TPB125155 | 15.50 | 2.419 | 0.503 | 4.811 | 0.612 | 5.186 |
| TPB125152 | 15.25 | 2.381 | 0.500 | 4.760 | 0.609 | 5.137 |
| TPB125150 | 15.00 | 2.342 | 0.498 | 4.705 | 0.608 | 5.084 |
| TPB125147 | 14.75 | 2.304 | 0.495 | 4.652 | 0.606 | 5.033 |
| TPB125145 | 14.50 | 2.266 | 0.492 | 4.602 | 0.603 | 4.994 |
| TPB125142 | 14.25 | 2.227 | 0.490 | 4.544 | 0.602 | 4.935 |
| TPB125140 | 14.00 | 2.188 | 0.487 | 4.493 | 0.599 | 4.890 |
| TPB125130 | 13.00 | 2.033 | 0.476 | 4.270 | 0.592 | 4.750 |
| TPB125120 | 12.00 | 1.833 | 0.469 | 3.912 | 0.588 | 4.592 |

（4）TPB156多晶硅太阳能电池片性能参数如表2-8所示。

表2-8　TPB156多晶硅太阳能电池片性能参数表

| TDB156 | 转换效率 $E_{\mathrm{ff}}$（%） | 最大功率 $P_{\mathrm{m}}$（W） | 最大功率点电压 $V_{\mathrm{m}}$（V） | 最大功率点电流 $I_{\mathrm{m}}$（A） | 开路电压 $V_{\mathrm{oc}}$（V） | 短路电流 $I_{\mathrm{sc}}$（A） |
|---|---|---|---|---|---|---|
| TPB156167 | 16.75 | 4.075 | 0.510 | 7.991 | 0.620 | 8.649 |
| TPB156165 | 16.50 | 4.015 | 0.508 | 7.903 | 0.618 | 8.548 |
| TPB156162 | 16.25 | 3.954 | 0.506 | 7.814 | 0.615 | 8.549 |
| TPB156160 | 16.00 | 3.893 | 0.505 | 7.709 | 0.615 | 8.329 |
| TPB156157 | 15.75 | 3.856 | 0.502 | 7.683 | 0.615 | 8.273 |
| TPB156155 | 15.50 | 3.770 | 0.497 | 7.581 | 0.611 | 8.174 |
| TPB156152 | 15.25 | 3.710 | 0.494 | 7.519 | 0.608 | 8.116 |
| TPB156150 | 15.00 | 3.651 | 0.491 | 7.438 | 0.606 | 8.043 |
| TPB156147 | 14.75 | 3.591 | 0.488 | 7.364 | 0.604 | 8.000 |
| TPB156145 | 14.50 | 3.529 | 0.487 | 7.242 | 0.603 | 7.858 |
| TPB156142 | 14.25 | 3.469 | 0.485 | 7.158 | 0.602 | 7.791 |
| TPB156140 | 14.00 | 3.409 | 0.482 | 7.072 | 0.600 | 7.727 |
| TPB156130 | 13.00 | 3.165 | 0.474 | 6.683 | 0.594 | 7.457 |
| TPB156120 | 12.00 | 2.873 | 0.466 | 6.171 | 0.591 | 7.385 |

## 2.1.6　包装、存储和运输

**1. 太阳能电池片的标志和包装**

太阳能电池片内部小包装盒上的标志内容包括制造厂商名称、产品名称、产品型号、太阳能电池转换效率、生产日期和批号等。外部包装箱上的标志内容除内部标志要求内容外，还须印有易碎物品、方向向上、堆垛层数、防潮、防震、避免辐射和不能翻滚等包装储运标志，部分标志如图2-3所示。

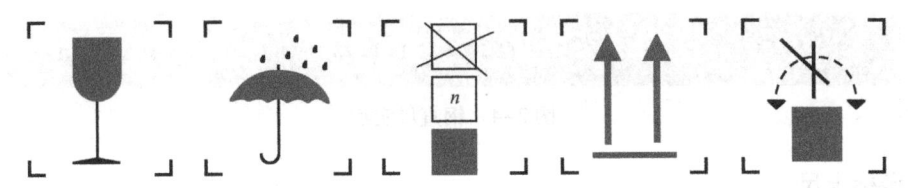

图 2-3　部分包装储运标志

太阳能电池片采用聚苯乙烯薄膜密封包装，以 1000 片为单位装入双层纸箱，分为 10 小包，每包为 100 片，每包上下面分别用软质垫间隔。电池片包装时应尽量避免摩擦和挤压，外包装必须有防震缓冲垫，以适应长途运输。装箱单上须详细列出产品名称，发票上要有全部产品名称、型号、托盘号，以及每个包装纸箱内产品的单片功率（W/片）和总功率（W/总片数）。简易包装的电池片没有防潮特性，进行防潮包装后才具有长期可靠性。

**2. 太阳能电池片的存储和运输**

太阳能电池片应储存于通风、干燥、相对湿度小于 60%，温度不高于 42℃ 的环境下。电池片要求单独存放，避免接触腐蚀性化学品。可在包装箱内充洁净干燥空气，在 10～30℃ 温度条件下保存，存放不超过 45 天。对于批量出售和长途运输的电池片，要外加木质包装箱包装。汽车运输应采用较好的减震装置。

**3. 包装电池片注意事项**

包装电池片时应避免裸手拿取，避免接触腐蚀性化学品，避免擦拭电池片表面，避免扭曲、跌落，或使尖锐物品碰触到电池片，否则会造成破损、开裂，也可能引起电特性衰减、主电极焊接性能变坏等。

### 问题与思考

1. 你认为太阳能电池片有没有保质期？
2. 为什么不能用手接触电池片？

## 2.2　太阳能电池片的外观检测

本节对规格分别为 125mm×125mm 和 156mm×156mm 的单晶硅和多晶硅太阳能电池片四片进行外观检查，以检验其外观是否合格。

### 2.2.1　测量工具及工作服装

**1. 钢直尺**

钢直尺是常用量具中最简单的一种，可用于测量工件的长度、宽度、高度和深度等，其规格有 150mm、300mm、500mm 和 1000mm 4 种，其实物如图 2-4 所示。钢直尺用于测量零件的长度时，测量结果精度较低。这是由于钢直尺的最小刻度为 1mm，测量时读数误差较大，只能精确到 1mm，比 1mm 小的数值只能估读。

图 2-4　钢直尺实物

## 2. 游标卡尺

游标卡尺是一种中等精度的量具，其实物如图 2-5 所示。可以用于直接测量工件外径、内径、长度、宽度、深度和孔距等尺寸。游标卡尺由主尺和附在主尺上能滑动的游标两部分构成。主尺一般以 mm 为单位，而游标上则有 10、20 或 50 个刻度，根据刻度的不同，游标卡尺可分为十分度游标卡尺、二十分度游标卡尺、五十分度格游标卡尺等。游标卡尺的主尺和游标上有两对活动量爪，分别是内测量爪和外测量爪，内测量爪通常用来测量内径，外测量爪通常用来测量长度和外径。

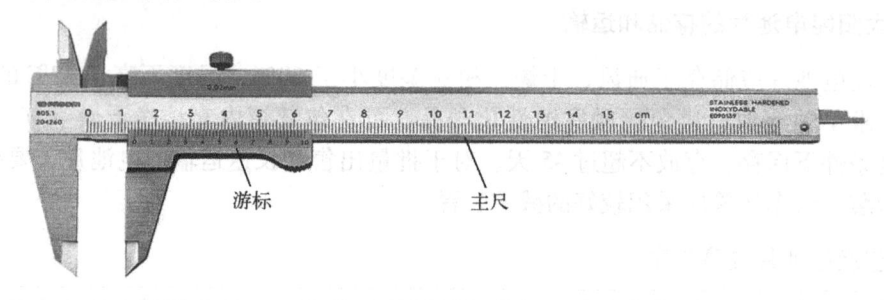

图 2-5　十分度游标卡尺实物

读数时首先以游标零刻度线为准在尺身上读取以 mm 为单位的整数部分，然后看游标上第几条刻度线与主尺的刻度线对齐。以十分度游标卡尺为例，如第 6 条刻度线与尺身刻度线对齐，则小数部分即为 0.6mm（若没有正好对齐的线，则取最接近对齐的线进行读数）。如有零误差，则一律用上述结果减去零误差（零误差为负，相当于加上相同大小的零误差），读数结果为

$$L = 整数部分 + 小数部分 - 零误差$$

如果需测量几次取平均值，不需每次都减去零误差，最后计算结果时减去零误差即可。

**小知识**

判断游标上哪条刻度线与主尺刻度线对准，可用下述方法：选定游标上较接近主尺某条刻度线的相邻两条刻度线，如左侧游标刻度线在主尺刻度线左侧，右侧的游标刻度线在主尺刻度线右侧，选择二者更靠近主尺刻度线的那条做为对准线进行读数。

## 3. 工作服装

工作中须穿防尘服、戴防尘帽、手套等，如图 2-6 所示。

图 2-6　工作着装示意图

## 2.2.2 物料清单

实训中需4片太阳能电池片,分别为:
(1) 125mm×125mm 单晶硅电池片,1片;
(2) 156mm×156mm 单晶硅电池片,1片;
(3) 125mm×125mm 多晶硅电池片,1片;
(4) 156mm×156mm 多晶硅电池片,1片。

## 2.2.3 工具清单

实训中所需的工具有钢直尺、游标卡尺和塞尺。

## 2.2.4 工作准备

(1) 穿好工作衣和工作鞋,戴好工作帽和手套,如图2-6所示。
(2) 清洁工作台面、清理工作区域地面,做好工艺卫生,工具摆放整齐有序。

## 2.2.5 操作步骤

单晶硅和多晶硅电池片外观检验项目和标准如表2-9所示,按表中序号依次进行。

表2-9 单晶硅和多晶硅电池片外观检验项目和标准

| 序号 | 检验项目 | 检验标准 |
|---|---|---|
| 1 | 裂纹片、碎片、穿孔片 | 如存在,判定为不符合标准 |
| 2 | V形缺口/缺角 | 如存在,判定为不符合标准 |
| 3 | 崩边 | 深度小于0.5mm,长度小于1mm,数目不超过2个 |
| 4 | 弯曲 | 以塞尺测量电池片的弯曲度,125mm×125mm 电池片的弯曲度不超过0.75mm;156mm×156mm 电池片的弯曲度不超过1.5mm |
| 5 | 正面色彩及其均匀性 | 在日常光照情况下,电池片上方正对电池片观测时为蓝色;与电池表面成35°角观察,呈褐、紫、蓝三色,目视颜色均匀 |
| 6 | 色差/色斑/水痕 | 同一批次电池片的颜色应该一致。同一片电池上因这些因素导致的色彩不均匀面积应小于2cm$^2$,无明显色差、水痕、手印 |
| 7 | 正面次栅线 | 断线少于或等于3条,每条长度小于3mm,不能允许有两个平行断线存在 |
| 8 | 正面栅线结点 | 少于3处,每处长度和宽度均小于0.5mm |
| 9 | 电池片正面漏浆 | 肉眼观测应少于2处,总面积小于1.5mm$^2$ |
| 10 | 正面主栅线漏印缺损 | 不能多于1处,面积小于2.2mm$^2$ |
| 11 | 正面印刷图案偏离 | 四周印刷外围到硅片边沿距离差别不大于0.5mm |
| 12 | 电池片正面划伤 | 电池片表面无划伤,但对于在制作过程中采用激光刻蚀工艺的电池的边沿刻蚀线除外 |
| 13 | 背面铝印刷的均匀性 | 均匀,无明显不良现象 |
| 14 | 由于烧结炉传送带结构等因素导致的背面铝缺损 | 鼓包高度不大于0.2mm,且总面积须不大于1.0mm$^2$ |
| 15 | 背面印刷图案偏离 | 背面印刷外围到硅片边沿距离不大于0.5mm |
| 16 | 背面银铝电极缺损 | 断线不能多于1处,且长度不大于5.0mm |

## 2.2.6 数据记录

经过表2-9中的各项检验后,填写表2-10的电池片外观检验记录表。

表2-10 电池片外观检验记录表

| 序　号 | 不符合要求的检验项目编号 | 偏　差　值 | 结　论 | 备　注 |
|---|---|---|---|---|
| 1 | | | | |
| 2 | | | | |
| 3 | | | | |
| 4 | | | | |
| 存在的问题及改进建议: | | | | |

实训学生签字:
指导教师签字:

## 2.3 电池片的电性能测试和分选

本节采用测试仪对电池片的光电转换效率和单片功率进行分选测试。

### 2.3.1 太阳能电池分选仪简介

太阳能电池分选仪是专门用于单晶硅和多晶硅太阳能电池片分选的设备,如图2-7所示。它通过模拟太阳光谱光源,对电池片的相关电参数进行测量,根据测量结果将电池片进行分类。常用的分选仪都具有专门的校正装置,对输入补偿参数进行自动/手动温度补偿和光强度补偿,并具备自动测温与温度修正功能。分选仪采用基于Windows的操作界面,测试软件人性化设计较好,可记录并显示测试曲线($I-V$曲线、$P$曲线)和测试参数($V_{oc}$、$I_{sc}$、$P_m$、$I_m$、$V_m$、FF(填充因子)、$E_{ff}$),每片太阳能电池片的测试序列号自动生成并保存到指定文件夹。典型太阳能电池分选仪的参数及技术指标如表2-11所示。

图2-7 太阳能电池分选仪

表2-11 典型太阳能电池分选仪参数和技术指标

| 规　格 | SCT-B / SCT-C | 数据采集量 | 8000对数据点 |
|---|---|---|---|
| 光强范围 | 70～120mW/cm² | 光强不均匀度 | ≤±3% |
| 测试系统 | A/D控制卡<br>显示$I-V$曲线和$P$曲线 | 测试参数 | $V_{oc}$, $I_{sc}$, $P_m$, $I_m$<br>$V_m$, FF, $E_{ff}$ |
| 测试面积 | 300mm×300mm | 分选方式 | 半自动/全自动 |
| 测试时间 | 3s/片 | 模拟光源 | 脉冲氙灯 |

## 2.3.2 工艺要求

将太阳能电池片按技术文件要求进行分档。

(1) 按转换功率分选。A 片转换效率≥14%（单晶）或 13.5%（多晶），B 片转换效率≥13.5%（单晶）或 13%（多晶）。125mm×125mm 电池片功率在 2.4W 左右，156mm×156mm 电池片功率在 3.4W 左右。分选标准为以 $12V_{mp}$ 为起点，按 $0.25±0.01\ V_{mp}(V)$ 进行分档，其中 $V_{mp}$ 为最大功率电压值。

(2) 按外观分选。检查电池片有无缺口、崩边、划痕、花斑、栅线印反以及表面氧化情况等。正极面检查有无暗裂纹、主栅线印刷不良。将不良品按功率分开放置并做好标记。

(3) 将外观分选合格的电池片根据目测按颜色进行分组。颜色分为浅蓝色、深蓝色、暗红色、黑色、暗紫色等。

(4) 按生产订单规格要求的数量，用泡沫盒进行包装和装载，如 180W 的 125mm×125mm 单晶硅太阳能片 72 片为一个包装单位，220W 的 156mm×156mm 多晶硅太阳能片 60 片为一个包装单位。

(5) 操作电池片时使用专用夹具，不得裸手触及电池片。

(6) 缺边角的电池片根据质量分选标准进行取舍。

## 2.3.3 物料清单

需待检测的太阳能电池片若干。

## 2.3.4 设备及工具清单

本实训所需设备及工具有单体太阳能电池片测试仪、一次性手套（指套）、剪刀和透明胶带。

## 2.3.5 工作准备

(1) 穿好工作衣和工作鞋，戴好工作帽和手套。
(2) 清洁工作台面、清理工作区域地面，做好工艺卫生，工具摆放整齐有序。

## 2.3.6 太阳能电池片电性能测试

(1) 测试前使用标准电池片校准测试仪器，误差不超过 ±0.01W。
(2) 测试有误差时，对测试仪器进行调整，记录校准结果。
(3) 按需要分选电池片的批次规格标准选取被测电池片。
(4) 开启测试仪。按下测试仪操作面板"电源"开关，预热 2min，按下"量程"按钮。
(5) 用标准电池片将测试台的测试参数调到标准值，确认压缩空气压力正常。
(6) 将待测试的电池片放到测试台上进行分选测试。待测电池片有栅线的一面向上，放置在测试台铜板上，调节铜电极位置使之恰好压在电池片的主栅极上，保证电极接触良好。

踩下脚阀进行测试，根据测得的电流值进行分挡。

（7）将分选出来的电池片按照测试的数值分为合格与不合格两类，并放在相应的盒子里标示清楚。合格电池片在检测后按每0.05W为一挡分挡放置。

（8）测试完成后整理电池片，以100片作为一个包装单位，清点好数目并做相应的数据记录，如表2-12所示。

（9）作业完毕，按操作规程关闭仪器。

### 2.3.7 注意事项

（1）在测试前，要对测试仪进行标准片校准，保证测试数据的准确性。

（2）分选电池片时要轻拿轻放，避免损坏。分类和摆放时要按规定放在指定的泡沫盒或区域内。

（3）装盒和打包时需清点核对数目，并且确保包装的完整性。

（4）测试过程中操作者必须戴上手指套，禁止不戴手指套进行测试分选。

（5）测试分选后要整理电池片，禁止合格与不合格的电池片混合参杂放置。

（6）记录并填写相关文件数据记录。

（7）如发现测出的参数不稳定，应立即报告指导教师，待调节好后方可继续操作。

### 2.3.8 数据记录

将以上操作测量所得数据填写在表2-12中。

表2-12 电池片电性能测试记录表

| 序 号 | 标称功率和转换效率 | 测得功率和转换效率 | 误差和结论 | 备 注 |
|---|---|---|---|---|
| 1 | | | | |
| 2 | | | | |
| 3 | | | | |
| 4 | | | | |
| 总计 | 测片数量（片）： | 损坏数量（片）： | 测后良片数量（片）： | |
| 存在的问题及改进建议： | | | | |
| 设备使用情况： | | | | |
| | | | 实训学员签字： | |
| | | | 指导教师签字： | |

## 2.4 太阳能电池片表面特征检查

使用电子显微镜观察单晶硅和多晶硅电池片的表面特征，检测电池片是否存在隐裂等缺陷。

实训中需用到的电子显微镜如图2-8所示。

(a) 实物图　　　　　　　　　　　　(b) 结构图

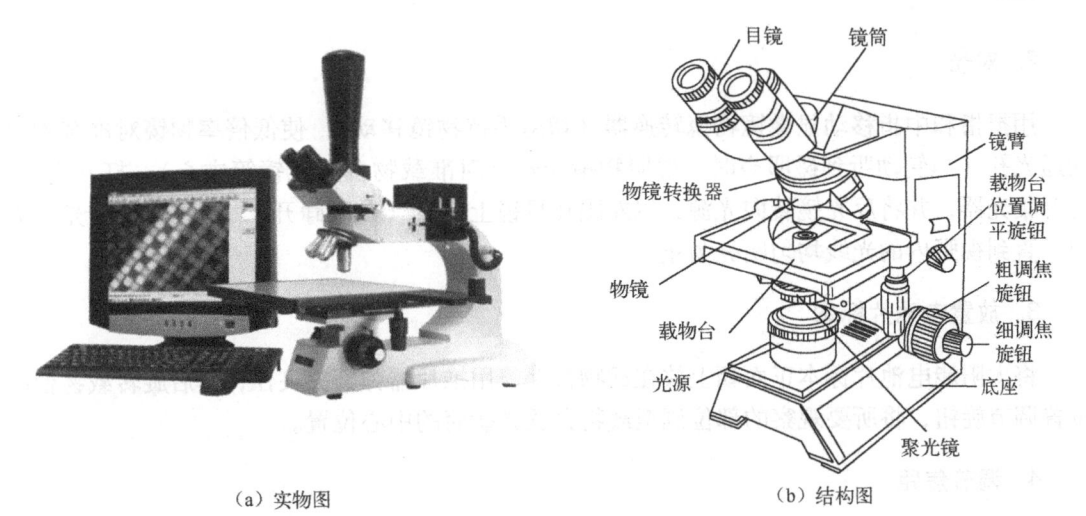

图2-8　电子显微镜实物及结构图

## 2.4.1　物料清单

实训中需用到的物料如下所示。
(1) 125mm×125mm 单晶硅太阳能电池片，1片；
(2) 156mm×156mm 多晶硅太阳能电池片，1片；
(3) 125mm×125mm 有隐裂的单晶硅太阳能电池片若干；
(4) 156mm×156mm 有隐裂的多晶硅太阳能电池片若干。

## 2.4.2　设备及工具清单

实训中需用到的仪器及工具如下所示。
(1) MTZ—300E 透/反射金相电子显微镜1台；
(2) 配套计算机1台；
(3) 配套计算机软件1套。

## 2.4.3　工作准备

(1) 穿好工作衣和工作鞋，戴好工作帽和手套。
(2) 清洁工作台面、清理工作区域地面，做好工艺卫生，工具摆放整齐有序。

## 2.4.4　实训步骤

**1. 开启显微镜**

打开计算机及电子显微镜系统，右手紧握镜臂，左手托住底座，使显微镜置于操作者左肩前方的实验台上，底座后端距桌边缘7cm为宜，便于坐着操作。

### 2. 对光

用拇指和中指移动显微镜物镜转换器（切忌手持物镜移动），使低倍率物镜对准载物台的通光孔（当转动听到碰叩声时，说明物镜光轴已对准载物台透光镜筒中心）。打开光圈，上升集光器，并将反光镜转向光源，以左眼在目镜上观察（右眼睁开），同时调节反光镜方向，直到视野内的光线均匀明亮为止。

### 3. 放置电池片标本

将太阳能电池片标本正面朝上放在载物台上，用推片器弹簧夹夹住，然后旋转载物台的位置调节旋钮，将所要观察的部位调至载物台透光镜筒的中心位置。

### 4. 调节焦距

以右手按逆时针方向转动粗调焦旋钮，使载物台缓慢地上升至物镜距标本片约 5mm 处。应注意载物台位置发生变化时，切勿在目镜上观察。一定要从右侧监视载物台的上升，避免物镜与被测电池片表面接触，造成物镜或标本片的损坏。然后，两眼同时睁开，用左眼在目镜上观察，右手顺时针方向缓慢转动粗调焦旋钮，使载物台缓慢下降，直到视野中出现清晰的物像为止。

### 5. 物像调节

如果物像不在视野中心，可调节载物台位置调节旋钮将其调入视野（注意移动电池片的方向与视野物像移动的方向是相反的）。如果视野内的亮度不合适，可调节集光器的位置或开闭光圈，如果在调节焦距时，载物台位置已超过工作距离（>5.40mm）而未见到物像，说明此次操作失败，应重新操作，切不可急躁盲目地上升载物台。

### 6. 观察图像

做好以上各项操作后，可以在计算机显示器上观察到电池片表面的图像，可对图谱进行分析、评级，对图片进行输出、打印。如图 2-9（a）所示为正常的电池片表面图像，图 2-9（b）为有隐裂的电池片表面图像。

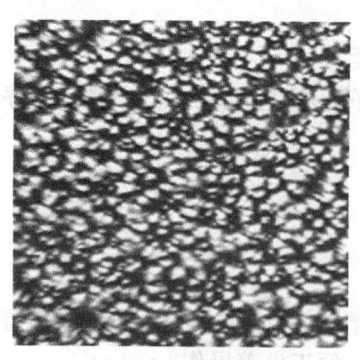

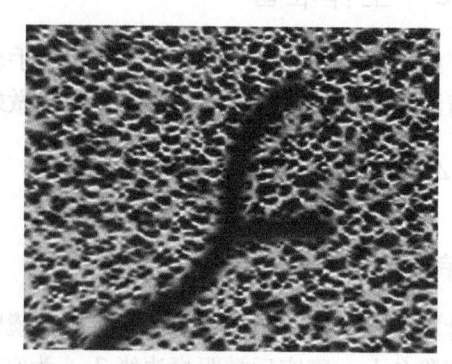

（a）正常电池片表面　　　　　　（b）有隐裂的电池片表面

图 2-9　电池片表面放大的图像

## 2.4.5 数据记录

将 2.4.4 中的各项测试所得到的结果填入表 2-13 中。

表 2-13　电池片测试记录表

| 序　号 | 目测记录 | 显微镜测试记录 | 结论（有无隐裂） | 备　注 |
|---|---|---|---|---|
| 1 | | | | |
| 2 | | | | |
| 3 | | | | |
| 4 | | | | |
| 5 | | | | |
| | | | 实训学员签字： | |
| | | | 实训指导教师签字： | |

**问题与思考**

1. 如何保存电子显微镜中观察到的图像？
2. 用显微镜观察电池片，放大倍数最佳值为多少？

## 项目评价

根据本章实训完成情况，对工作过程进行评价，评价表如表2-14所示。

**表2-14 太阳能电池片测试项目实训评价表**

| 项　　目 | 指　　标 | 分　值 | 评价方式 自测（评） | 评价方式 互测（评） | 评价方式 师测（评） | 备　　注 |
|---|---|---|---|---|---|---|
| 任务完成情况 | 电池片外观检测 | 10 | | | | |
| 任务完成情况 | 电池片电性能测试和分选 | 10 | | | | |
| 任务完成情况 | 电池片表面显微镜检查 | 10 | | | | |
| 任务完成情况 | 数据记录与表格填写 | 10 | | | | |
| 技能技巧 | 操作用时评价 | 10 | | | | |
| 技能技巧 | 团队协作评价 | 10 | | | | |
| 技能技巧 | 操作规范评价 | 10 | | | | |
| 职业素养 | 实训态度和纪律 | 10 | | | | 1. 按照6S管理要求规范摆放；2. 按照6S管理要求保持现场 |
| 职业素养 | 安全文明生产 | 10 | — | — | — | |
| 职业素养 | 工量具放置管理 | 10 | — | — | — | |
| 合　计　分　值 | | | | | | |
| 综合得分 | | | | | | |
| 指导教师评价 | 专业教师签字：＿＿＿＿＿＿＿＿＿＿　　　　　＿＿＿＿年＿＿＿＿月＿＿＿＿日<br>实训指导教师签字：＿＿＿＿＿＿＿＿＿　　　　　＿＿＿＿年＿＿＿＿月＿＿＿＿日 | | | | | |
| 自我评价小结 | 实训人员签字：＿＿＿＿＿＿＿＿＿＿＿＿　　　　　＿＿＿＿年＿＿＿＿月＿＿＿＿日 | | | | | |

# 3 EVA、TPT、钢化玻璃和焊料的制备

## 3.1 EVA 裁剪与备料工艺

通过本节了解 EVA 材料的基础知识，学会 EVA 的裁剪与备料工艺操作。

### 3.1.1 EVA 基本知识

EVA 是一种乙烯与醋酸乙烯脂的共聚物，是一种典型的热融胶黏剂，在常温下无黏性，经过一定条件热压便发生熔融黏结与交联固化，变得完全透明，是太阳能电池的理想封装材料。固化后的 EVA 能承受大气压变化的影响且具有弹性，具有优良的柔韧性、耐冲击性和弹性，透光率高，具有良好的低温挠度、黏着性、耐环境应力开裂性、耐化学药品性，热密封性。它能将电池片组全面包封，并和上层保护材料玻璃、下层保护材料 TPT 利用真空层压技术黏合为一体。它与玻璃黏合后能提高玻璃的透光率，起着增透的作用，对太阳能电池组件的功率输出有增益作用。

EVA 薄膜厚度约为 0.4～0.6mm，表面平整，厚度均匀，内含交联剂，能在150℃的固化温度下交联，采用挤压成型工艺形成稳定胶层。EVA 的性能主要取决于其分子量和醋酸乙烯脂的含量，不同的温度对 EVA 的交联度有比较大的影响，EVA 的交联度直接影响到组件的性能及其使用寿命。在熔融状态下，EVA 与晶体硅太阳能电池片、玻璃、TPT 产生黏合，在此过程中既有物理的黏结也有化学的键合作用。未经改性的 EVA 透明、柔软，有热熔黏合性，熔融温度低，熔融后流动性好。但是其耐热性较差，易延伸而低弹性，内聚强度低而抗蠕变性差，易产生热胀冷缩导致晶片碎裂，使得黏结脱层。通过采取化学交联的方式对 EVA 进行改性可提高其性能，其方法是在 EVA 中添加有机过氧化物交联剂，当 EVA 加热到一定温度时，交联剂分解产生自由基，引发 EVA 分子之间的结合，形成三维网状结构，导致 EVA 胶层交联固化，当交联度达到 60% 以上时能承受正常大气压的变化，同时不再发生热胀冷缩。它能够保护电池片，防止外界环境对电池片的电性能造成影响，增强组件的透光性，将电池片、钢化玻璃和 TPT 快速黏结在一起，具有较强的黏结强度。在太阳能电池封装中常采用加有抗紫外剂、抗氧化剂和固化剂的厚度为 0.4mm 的 EVA 膜层。EVA 主要的性能指标如表3-1 所示。EVA 的质量检验方法如表 3-2 所示。

表3-1 EVA 主要性能指标

| 序 号 | 指 标 | 含 义 |
| --- | --- | --- |
| 1 | 熔融指数 | EVA 的融化速度 |
| 2 | 软化点 | EVA 开始软化的温度点 |

续表

| 序号 | 指标 | 含义 |
|---|---|---|
| 3 | 透光率 | 在 AM1.5 的光谱分布条件下的透光率 |
| 4 | 密度 | 交联后的密度 |
| 5 | 比热 | 交联后吸收相同热量的情况下温度升高数值的大小 |
| 6 | 热导率 | 交联后的 EVA 的导热性能 |
| 7 | 玻璃化温度 | EVA 的抗低温性能 |
| 8 | 断裂张力强度 | 断裂张力强度,抗断裂机械强度 |
| 9 | 断裂延长率 | EVA 交联后的延伸性能 |
| 10 | 张力系数 | EVA 交联后的张力大小 |
| 11 | 吸水性 | 直接影响其对电池片的密封性能 |
| 12 | 交联度 | EVA 的交联度直接影响到它的抗渗水性 |
| 13 | 剥离强度 | 反映了 EVA 与玻璃的黏结强度 |
| 14 | 耐紫外光老化参数 | 影响光伏组件的户外使用寿命 |
| 15 | 耐热老化参数 | 影响光伏组件的户外使用寿命 |
| 16 | 耐低温老化参数 | 影响光伏组件的户外使用寿命 |

表 3-2 EVA 质量检验方法

| 序号 | 指标 | 检测事项 |
|---|---|---|
| 1 | 外观检验 | EVA 表面是否存在折痕、污点、褶皱、半透明、污迹、压花 |
| 2 | 厚度测定 | 用精度 0.01mm 测厚仪测定,在幅面方向至少测 5 点,取平均值,厚度符合要求,允许误差为 ±0.03mm,教学实训中可采用精度为 1mm 的钢尺测定 |
| 3 | 透光率检验 | 取胶膜尺寸为 50mm×50mm 的样品,用 50mm×50mm×1mm 的载玻玻璃,以玻璃/胶膜/玻璃三层叠合,将样品置于层压机内,加热到 100℃,抽真空 5min,然后加压 0.5MPa,保持 5min,再放入固化箱中,按产品使用说明中要求的固化温度和时间进行交联固化,然后取出冷却至室温,按 GB 2410 规定进行检验 |
| 4 | 交联度检验 | 取样品胶膜一块,将 TPT/胶膜/胶膜/玻璃叠合后,按平时一次固化工艺固化交联,按 GB/T 2789 规定进行检验 |
| 5 | 剥离强度检验 | 取两块尺寸为 300mm×20mm 的样品胶膜作为试样,分别按 TPT/胶膜/胶膜/玻璃叠合,按平时一次固化工艺进行固化,按 GB/T 2790 规定进行检验 |
| 6 | 紫外光老化检验 | 将样品胶膜放置于老化箱内连续照射 100h 后,目测对比 |
| 7 | 均匀度检验 | 取相同尺寸的 10 张胶膜进行称重,然后对比每张胶膜的质量,质量误差不超过 ±1.5% |
| 结论标准 | | 对以上 7 个项目进行样品抽检,当有一项或一项以上不符合检验要求,对该批次产品进行再次样品抽检,如果仍有交联度、剥离强度、均匀度指标的其中一项不符合质量要求的,判定该批次为不合格产品 |

## 3.1.2 物料清单

需准备 EVA 薄膜若干,规格为 (250±2)mm×(0.68±0.05)mm。

## 3.1.3 设备及工具清单

本实训中所需设备及工具有中号裁刀、裁料支架、美工刀、钢直尺、游标卡尺、裁剪台、周转车等,裁剪台如图 3-1 所示。

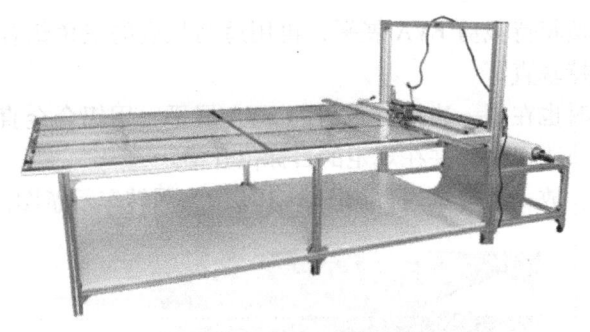

图 3-1　EVA/TPT 裁剪台

## 3.1.4　工作准备

(1) 穿好工作衣和工作鞋，戴好工作帽和手套。
(2) 清洁工作台面，清理工作区域地面，做好工艺卫生，工具摆放整齐有序。
(3) 确认工作区域环境相对湿度小于 70%。

## 3.1.5　实训步骤

**1. 开箱确认规格及外观检验**

(1) 检查 EVA 规格是否符合要求，是否有明显折痕；
(2) 检查 EVA 是否存在开裂、孔洞、杂物和污点；
(3) 检查玻璃纤维上是否有杂质。

**2. 上架**

将一根铁管穿过 EVA 圆筒中心轴孔，并将其固定在裁料支架上。

**3. 尺寸定位**

根据需求，确定 EVA 尺寸为 $(250 \pm 2)\,mm \times (222 \pm 4)\,mm \times (0.68 \pm 0.05)\,mm$，并按要求在目标位置用美工刀开槽，如图 3-2 所示。

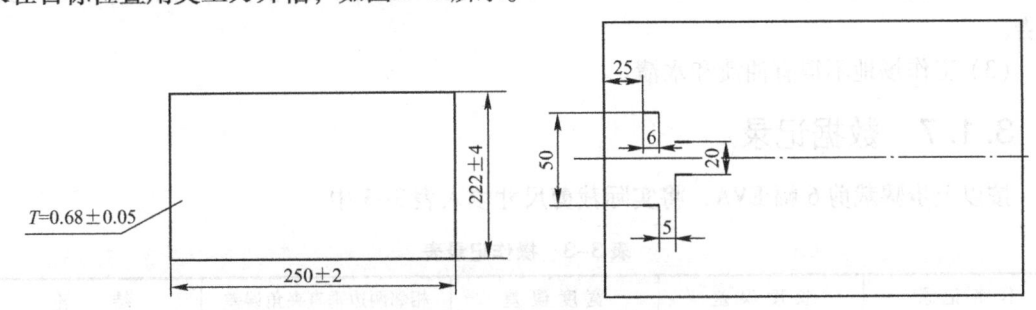

图 3-2　EVA 裁剪工艺要求

**4. 裁剪**

(1) 将 EVA 展平测量其长度和宽度，通常长度和宽度要比实际钢化玻璃对应尺寸长 10～15mm；应比拼接的电池片组长 30～50mm。

（2）辅助裁剪人员将待裁剪 EVA 展平，再用适当长度的三角铝合金直条压住待裁剪的材料，使长宽基本保持垂直。

（3）裁剪人员同时也在另一边把待裁剪的 EVA 展平，用铝合金直条压住，然后拿美工刀紧贴铝合金材料直条边切割，并在规定的目标位开槽。

（4）剪裁完毕后，放入周转车内，如图 3-3 所示为周转车示意图。

图 3-3　EVA、TPT 周转车示意图

**5. 入库和自检**

（1）EVA 长度和宽度较规定尺寸误差不超过 3mm，相邻两边垂直夹角误差不超过 2.5°。
（2）EVA 不得有明显的折痕，其边缘整齐。
（3）裁剪好的材料须按类别和尺寸分别放置。
（4）打扫清洁工作场地以及工作台，并始终保持清洁。

## 3.1.6　注意事项

（1）美工刀非常锋利，应谨慎使用，以免划伤自己和他人，防止手指受伤。
（2）在裁剪过程中如果遇到材料有大面积质量问题应停止操作，并向实训指导老师报告。
（3）工作场地不得有油渍和水渍。

## 3.1.7　数据记录

按以上步骤裁剪 6 幅 EVA，将实际裁剪尺寸填入表 3-3 中。

表 3-3　操作记录表

| 任务记录 | 长度误差 | 宽度误差 | 相邻两边垂直夹角误差 | 结　论 |
| --- | --- | --- | --- | --- |
| 第 1 幅 |  |  |  |  |
| 第 2 幅 |  |  |  |  |
| 第 3 幅 |  |  |  |  |
| 第 4 幅 |  |  |  |  |
| 第 5 幅 |  |  |  |  |

续表

| 任务记录 | 长度误差 | 宽度误差 | 相邻两边垂直夹角误差 | 结　论 |
|---|---|---|---|---|
| 第6幅 | | | | |
| 存在的问题及改进建议： | | | | |
| | | | 实训学员签字： | |
| | | | 实训指导老师签字： | |

## 3.2　TPT复合薄膜裁剪与备料工艺

了解 TPT 材料的基础知识，学会 TPT 的裁剪与备料工艺操作。

### 3.2.1　TPT 简介

TPT（Thermoplastic Elastomer Polyvinyl Chloride Thin Film，热塑聚氯乙烯弹性薄膜），又称为聚氟乙烯复合膜，主要的生产企业为杜邦公司。它具有耐高压以及较好的绝缘性能，耐候性佳（抗紫外线老化可达 25 年），可提高光伏组件吸收光的效率，具有防震功能并可以有效保护电池片的断裂。TPT 采用三层结构：外层保护层 PVF（Polyvinyl Fluoride Film，聚氟乙烯膜）具有良好的抗环境侵蚀能力，中间层为聚脂薄膜，具有良好的绝缘性能，内层PVF 经表面处理后和 EVA 可产生良好的黏结。封装时必须保持清洁，不得沾污或受潮，特别是内层不得用手指直接接触，以免影响与 EVA 的黏结强度。常用的规格为 0.2～0.3mm（厚度）×1000mm（宽度）×100m（长度）。主要的技术指标如表 3-4 所示。

表 3-4　TPT 技术指标

| 序　号 | 指　标 | 参数要求 |
|---|---|---|
| 1 | 收缩率 | 0.25～1.3(110℃,45min) |
| 2 | 拉伸强度 | ≤2%(110℃,45min) |
| 3 | 层间剥离强度 | ≥4N/cm(25℃) |
| 4 | 耐压强度 | ≥25kV/mm |

TPT 质量检验方法如表 3-5 所示。

表 3-5　TPT 质量检验方法

| 序　号 | 指　标 | 检测事项 |
|---|---|---|
| 1 | 外观检验 | 抽检 TPT 表面无褶皱，无明显划伤 |
| 2 | 厚度检验 | 厚度符合要求，允许误差为 ±0.03mm，用精度为 0.01mm 的测厚仪测定，在幅度方向上至少测 5 点，取平均值 |
| 3 | 抗拉强度 | 纵向≥170N/mm$^2$，横向≥170N/mm$^2$ |
| 4 | 抗撕裂强度 | 纵向≥140N/mm，横向≥140N/mm |
| 5 | 层间剥离强度 | 纵向≥4N/cm，横向≥4N/cm |
| 6 | 与 EVA 之间的剥离强度 | 纵向≥20N/cm，横向≥20N/cm |
| 7 | 尺寸稳定性 | 纵向≤2%，横向≤1.25% |
| 结论 | | 对以上 7 个项目进行样品抽检，当有一项或一项以上不符合检验要求时，对该批次产品进行再次样品抽检，如果仍有外观、剥落强度参数中的一项不符合质量要求的，则判定该批次为不合格产品 |

### 3.2.2 工艺要求

TPT 的图纸标准及大小等同于 EVA。

TPT 复合薄膜尺寸为 $(250 \pm 2)$ mm × $(222 \pm 4)$ mm × $(0.25 \pm 0.05)$ mm，如图 3-4 所示。

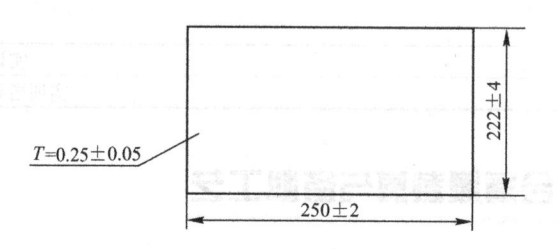

图 3-4 TPT 复合薄膜尺寸要求

### 3.2.3 物料清单

本实训需 TPT 材料若干。

### 3.2.4 设备及工具清单

所需设备及工具有中号裁刀、裁料支架、美工刀、钢直尺、游标卡尺、裁料工作台。

### 3.2.5 工作准备

（1）穿好工作衣和工作鞋，戴好工作帽和手套。

（2）清洁工作台面、清理工作区域地面，做好工艺卫生，工具摆放整齐有序。

（3）确认工作区域环境相对湿度小于 70%。

### 3.2.6 实训步骤

**1. 开箱确认规格及进行外观检验**

（1）检查 TPT 是否符合规格要求，外观是否有明显折痕。

（2）检查 TPT 是否有开裂、孔洞、杂物、污点存在。

**2. 上架**

将一根铁管穿过 TPT 材料圆筒中心轴孔，并将其固定在裁料工作台上。

**3. 尺寸定位**

测量尺寸，要求为 $(250 \pm 2)$ mm（长）× $(222 \pm 4)$ mm（宽）× $(0.25 \pm 0.05)$ mm（高）。

**4. 裁剪**

（1）把 TPT 展平测量其长度和宽度，通常要比实际钢化玻璃对应尺寸大 15～20mm；应比拼接的电池片组长 40～60mm。

(2) 辅助裁剪人员把待裁剪 TPT 拉平，再用适当长度三角铝合金直条压住待裁剪的 TPT，使长宽基本保持 TPT 垂直。

(3) 裁剪人员同时在另一边把待裁剪的 TPT 展平，用铝合金直条压住，然后拿美工刀紧贴铝合金直条边切割，同时在 TPT 相应位置开槽。

(4) 剪裁完毕后，放入周转箱内。

#### 5. 入库和自检

(1) TPT 长宽误差不超过 2mm。相邻边垂直夹角误差不超过 2.0°。
(2) TPT 不得有明显的折痕，其横截面平直、光滑整齐。
(3) 把裁剪好的材料按类别和尺寸分类放置。
(4) 打扫清洁工作场地以及工作台，并始终保持清洁。

### 3.2.7 注意事项

(1) 美工刀非常锋利，应谨慎使用，以免划伤自己和他人。
(2) 在裁剪过程中如果遇到 TPT 有大面积质量问题，应停止操作并向实训指导老师报告。
(3) 工作场地不得有油渍和水渍。

### 3.2.8 数据记录

按以上步骤剪裁 TPT，将数据记录在表 3-6 中。

表 3-6 数据记录表

| 任务记录 | 长度误差 | 宽度误差 | 长宽垂直夹角误差 | 结　论 |
|---|---|---|---|---|
| 第 1 幅 | | | | |
| 第 2 幅 | | | | |
| 第 3 幅 | | | | |
| 第 4 幅 | | | | |
| 第 5 幅 | | | | |
| 第 6 幅 | | | | |
| 存在的问题及改进建议： | | | | |
| | | | | 实训学员签字： |
| | | | | 实训指导教师签字： |

TPT 与 EVA 在工艺上具有很多相同之处，它们在材料保存上有什么不同？

## 3.3 钢化玻璃的备料、选购和检测

### 3.3.1 钢化玻璃简介

标准太阳能电池组件的正面覆盖材料通常采用低铁钢化玻璃，其特点是透光率高、抗冲击能力强和使用寿命长。这种低铁玻璃，一般厚度为 3.2mm 左右，在晶体硅太阳能电池响应的波长范围内（320～1100nm）透光率达 90% 以上，对于波长大于 1200nm 的红外光有较高的反射率，同时能耐太阳紫外线的辐射。利用紫外－可见光光谱仪测得普通玻璃的光谱透过率与太阳能电池组件用的低铁玻璃光谱透过率如图 3-5 所示，普通玻璃在 700～1100mm 波段透光率下降较快，明显低于低铁玻璃的透光率。

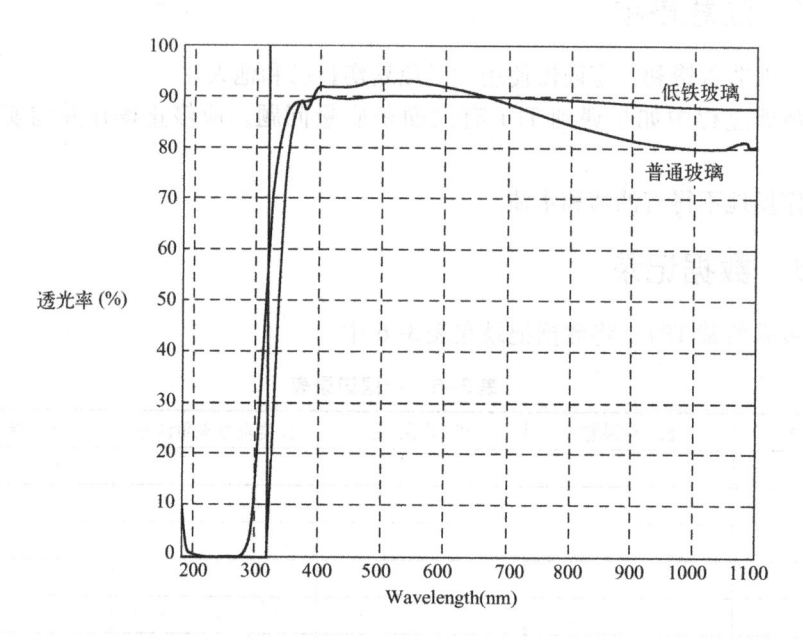

图 3-5　光伏组件用低铁钢化玻璃光谱透过率

由于普通玻璃内含铁量过高，玻璃表面的光反射过大，降低了太阳能的利用率。玻璃生产企业对降低玻璃中的铁含量、研制新的防反射涂层或减反射表面材料，以及如何增加玻璃强度和延长使用寿命等十分重视。目前，玻璃厂商通过对 2～3mm 的玻璃进行物理或化学钢化处理，不仅透光率较高，而且强度为普通玻璃的 3～4 倍。薄玻璃经过钢化处理后，提高了透光率并减轻了太阳能电池组件的自重及成本。

另一种提高透光率的措施是在玻璃表面涂布薄膜层，此薄膜层称之为减反射涂层。这种方法可使玻璃透光率提高 4%～5%；如 3mm 厚的普通玻璃透光率可由 80% 提高到 85%，折射率较高的低铁玻璃，光透过率从 86% 提高到 91%。这种涂层与玻璃表面能够牢固地结合，经测试表明其耐磨性非常好。

除玻璃外，一些组件封装厂商也采用透明 TEDLAR® PVF（泰德拉聚氟乙烯膜）、PM-MA（Poly（methyl）methacry late，俗称有机玻璃）板或 PC（Polycarbonate，聚碳酸脂）

板作为太阳能电池组件的正面覆盖材料。PMMA 板和 PC 板透光性能好，材质轻，但耐温性差，表面易刮伤，在太阳能电池组件封装方面的应用受到一定限制，目前主要用于室内或便携太阳能电池组件的封装。

### 3.3.2　钢化玻璃检测方法

将钢化玻璃放入钢化玻璃检测仪的观察镜与光源之间，透过观察镜片观察玻璃边缘横截面，会看到彩色条纹，一般玻璃则无此现象。如果玻璃已安装好且无法看到玻璃边缘横截面，则可观察玻璃其他任意部分。一手拿光源照射玻璃、另一手拿观察镜在玻璃的另一面观察，注意观察镜与光源之间的相对角度要基本对准。若为钢化玻璃则可在观察镜中看到黑白相间的斑块，一般玻璃则无此现象。质量好的钢化玻璃斑块较大或连成片，质量差的玻璃黑斑较小、甚至成弯弯曲曲的黑色条纹状。如出现黄色斑点，则说明玻璃质量特别差，使用中可能会碎裂。

**小知识**

国家标准规定，钢化玻璃的抗冲击强度的标准测试为用 1kg 的钢球从 1m 高度自由落下，玻璃应保持完好无损。

### 3.3.3　物料清单

本实训中需尺寸为 300mm×300mm 的钢化玻璃样本 3 块、尺寸为 300mm×300mm 的普通玻璃样本 1 块。

### 3.3.4　设备及工具清单

实训中需用到的设备及工具有便携式钢化玻璃检测仪，钢直尺、游标卡尺等。钢化玻璃检测仪如图 3-6 所示。

图 3-6　便携式钢化玻璃检测仪

### 3.3.5　工作准备

（1）穿好工作衣和工作鞋，戴好工作帽和手套。
（2）清洁工作台面、清理工作区域地面，工具摆放整齐有序。

### 3.3.6　实训步骤

（1）分发检测钢化玻璃样品，用号码标签进行随机标号。

（2）将钢化玻璃样品置于检测架上。
（3）依次用便携式钢化玻璃检测仪对钢化玻璃样品进行检测。

钢化玻璃的质量要求和检测标准按 GB 9963—1988 标准执行，如表 3-7 所示。

表 3-7  钢化玻璃的质量要求和检测标准

| 序 号 | 指 标 | 检测事项 |
|---|---|---|
| 1 | 厚度 | 标准厚度为 3.2mm，允许偏差为 ±0.2mm |
| 2 | 几何尺寸 | 长度和宽度允许偏差为 ±0.5mm，两条对角线允许偏差为 ±0.7mm |
| 3 | 崩边尺寸 | 自玻璃边缘向玻璃板表面延伸深度不超过 2mm |
| 4 | 内部气泡 | 每平方米大于 6mm 的气泡个数 ≤6 个 |
| 5 | 物理特征 | 不允许有结石，裂纹，缺角的 |
| 6 | 透光率 | 在可见光波段内透光率不小于 90% |
| 7 | 划痕数 | 表面允许每平方米内宽度小于 0.1mm，长度小于 50mm 的划伤数量不多于 4 条。每平方米内宽度为 0.1～0.5mm，长度小于 50mm 的划痕不超过 1 条 |
| 8 | 弯曲特性 | 不允许有波型弯曲，弓型弯曲的弯曲度不允许超过 0.2% |
| 9 | 碎片数 | 进行破裂试验，在 50mm×50mm 区域内碎片数必须超过 40 个 |
| 10 | 钢化玻璃检测仪检测 | 可观察到彩色或黑白相间条纹 |
| 结论 | | 对经过以上 9 个项目检验的样品进行抽检，当有一项或一项以上不符合检验要求，对该批次产品进行再次样品抽检，如果仍有内部气泡、物理特征、划痕数和弯曲特性其中的一项不符合质量要求的，则判定该批次产品为不合格产品 |

### 3.3.7  注意事项

（1）钢化玻璃不能接触到硬度较高的物品（如铲刀等），以免刮伤玻璃，造成划痕。
（2）不要使用报纸擦拭钢化玻璃，报纸有油墨而且表面接触时摩擦力较大，以免在玻璃表面留下痕迹，影响透光率；最好用不产生碎屑且吸水性较好的干布擦玻璃。
（3）轻拿轻放，注意安全。

### 3.3.8  数据记录

将上述检测所得的数据及特征填入表 3-8 中。

表 3-8  数据记录表

| 任务记录 | 不符合指标项 | 相关检验数据 | 结  论 |
|---|---|---|---|
| 第 1 块样品 | | | |
| 第 2 块样品 | | | |
| 第 3 块样品 | | | |
| 第 4 块样品 | | | |
| 存在的问题及改进建议： | | | |
| | | 实训学员签字： | |
| | | 指导教师签字： | |

## 3.4 焊带和助焊剂的使用

了解适用于各种规格的光伏组件太阳能电池片所用焊带（汇流条）的基础知识。掌握焊带（汇流条）使用的工艺过程、内容及要求。

### 3.4.1 焊带基本知识

焊带由无氧铜剪切拉拔或轧制而成，为了达到良好的焊接性能，其外表面有涂锡层，所以也称为涂锡带。在光伏组件加工中，用于电池片单片焊接和串联焊接的焊带称为汇流条；用于互联电池组单元的焊带称为互联条。汇流条与互联条相比，汇流条宽度相对较窄、厚度相对较薄，允许通过的电流值也不大。在选用时，要求焊带具有较高的焊接操作性、牢固性及额定电流值，材料要求为符合 GB/T 2059—2000 标准的 TU1 无氧铜带。

**1. 焊带的主要性能指标**

(1) 外观检验：表面光滑，色泽明亮，边缘无毛刺。
(2) 厚度误差：$0.01mm \leqslant$ 涂层厚度 $\leqslant 0.045mm$。
(3) 标准电阻率 $\leqslant 1.725 \Omega \cdot m$。
(4) 软态抗拉强度 $\sigma_b \geqslant 196MPa$；半软态抗拉强度 $\sigma_b \geqslant 245MPa$。
(5) 软态伸长率 $\delta_{10} \geqslant 30\%$；半软态伸长率 $\delta_{10} \geqslant 8\%$。
(6) 成品体积电阻率：$(2.02 \pm 0.08) \times 10^{-8} m\Omega \cdot m$。
(7) 涂层融化温度 $\leqslant 245℃$。
(8) 侧边弯曲度（蛇形弯）。对于盘状包装产品，其每米长度产品盘状包装后圆盘半径不大于 $1.5mm$。
(9) 使用寿命 $\geqslant 25$ 年。

**2. 焊带的检验规则和质量要求**

焊带需按厂家出厂批号进行样品抽检，对其主要性能指标进行检测，当有一项或一项以上不符合检验要求时，对该批次产品进行再次样品抽检，如果性能指标仍不达标，则可判定该批次为不合格产品。

**3. 焊带的选取**

焊带是光伏组件焊接过程中的重要部件，其质量的好坏将直接影响到光伏组件电流的收集效率，对光伏组件的功率影响很大。在串联焊接电池片的过程中，一定要做到焊带焊接牢固，避免虚焊、脱焊现象的发生。

在选择焊带时需按照太阳能电池片的特性来决定，一般根据太阳能电池片的厚度和短路电流的大小来确定焊带的厚度，汇流条的宽度要和太阳能电池片的主栅线宽度一致，焊带的软硬程度一般取决于太阳能电池片的厚度和焊接工具。

(1) 手工焊接。手工焊接要求焊带越软越好，较软的焊带在烙铁走过之后能很好地和电池片接触在一起，焊接过程中产生的应力较小，可以降低碎片率。但过软的焊带抗拉力会降低，实际中需要权衡利弊进行选择。

（2）自动焊接。对于自动焊接工艺，焊带可以稍硬一些，这样有利于焊接设备对焊带进行调直和压焊，过软的焊带用机器焊接容易变形，从而降低产品的成品率。

### 4. 焊带的焊接

实训中可采用手工焊接，根据不同的光伏组件选择不同的电烙铁，焊接小型光伏组件对烙铁的要求较低，小型光伏组件自身面积较小，对烙铁的功率要求不高，一般35W电烙铁可以满足焊接含铅焊带的要求，但是焊接无铅焊带时应尽量使用50W电烙铁，而且要使用无铅长寿命烙铁头，因为无铅焊锡氧化速度快，对烙铁头的损害较大。进行无铅焊接时，功率可调的无铅焊台是个不错的选择，无铅焊台一般是直流供电，电压可调，直流电烙铁的优点是温度补偿快，这是交流调温电烙铁所无法比拟的。依据电池片的厚度和面积，无铅焊带的焊接应选择70～100W的烙铁，小于70W的烙铁在无铅焊接时一般会出现问题。

烙铁头和焊带的接触端宽度要尽量修理成和焊带的宽度一致，接触面要平整。焊接时选用无铅无残留助焊剂。在焊接无铅焊带的过程中，要注意调整焊接习惯，无铅焊锡的流动性不好，焊接速度要慢很多，焊接时一定要等到焊锡完全熔化后再慢慢移去烙铁，如果发现移去烙铁的过程中焊锡凝固，说明烙铁头的温度偏低，需调高烙铁头的温度，直到烙铁头可流畅移动、焊锡光滑流动为止。

### 5. 助焊剂

助焊剂通常是以松香为主要成分的混合物，是保证焊接过程顺利进行的辅助材料。其主要作用是清除焊料和被焊母材表面的氧化物，使被焊母材表面达到一定的清洁度，防止焊接时表面的再次氧化，降低焊料表面张力，提高焊接性能。助焊剂性能的优劣，直接影响到电子产品的质量。助焊剂的种类很多，大体上可分为有机助焊剂、无机助焊剂和树脂助焊剂三大系列。树脂助焊剂通常是从树木的分泌物中提取的，属于天然产物，无腐蚀性，松香是这类焊剂的代表，所以也称为松香类焊剂。

由于助焊剂通常与焊料匹配使用，与焊料相对应可分为软助焊剂和硬助焊剂。常用的有松香、松香混合助焊剂、焊膏和盐酸等软助焊剂，应根据不同的焊接工件进行选用，在光伏组件生产中要选用无铅无残留助焊剂。焊料在被焊金属表面良好地浸润是形成良好焊点的重要前提条件，一般情况下无铅焊料的浸润性要差于传统的有铅焊锡，因此，依靠助焊剂来改善无铅焊料的润浸性就成为了唯一的选择。在选择助焊剂时，可参考以下条件。

（1）助焊剂应具有在焊接温度范围内，去除母材和焊料合金表面氧化膜的能力，助焊剂的最低活性温度必须低于焊接温度。

（2）助焊剂应具有良好的化学活性和热稳定性。

（3）助焊剂作用于产物时的密度应小于焊料合金的密度。

（4）助焊剂及其残余物不应对母材和焊点产生腐蚀作用，不应具有毒性或者在使用过程中产生有害气体。

（5）焊接后的助焊剂残余量应达到免清洗的标准或者可以很容易地清洗掉。

## 3.4.2 焊带制备工艺

（1）根据焊带制备清单要求，按表3-9选择涂锡铜合金带盘，做好焊带及汇流带的首检工作并留下记录，焊带表面须色泽鲜亮，露铜部分须裁去；裁剪焊带或汇流带时，不可出现焊带毛刺。

（2）捆扎焊带要结实不得松垮。

（3）将浸有助焊剂的焊带晾干或用电吹风吹干，手摸上去无潮湿感。

（4）要求完成的焊带准备规格及数量如表3-9所示。

表3-9 焊带制备清单

| 序 号 | 名 称 | 规 格 | 数量（条） | 备 注 |
|---|---|---|---|---|
| 1 | 焊带1（汇流条） | 1.6mm×0.2mm×150mm | 16 | |
| 2 | 焊带2（互联条） | 1.6mm×0.2mm×235mm | 16 | 需要整型 |

焊带整形后如图3-7所示。

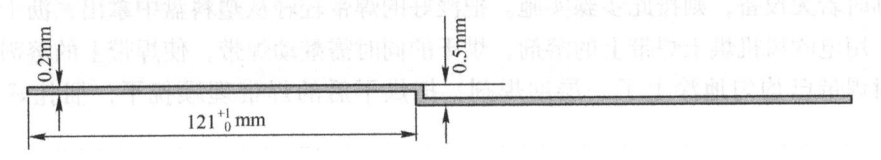

图3-7 焊带整形示意图

（5）用电吹风吹干助焊剂过程中须戴好口罩及手套等劳保用品。

## 3.4.3 设备及工具清单

实训中需用到裁纸台、自动裁剪机、电吹风、塑料盘、电子称和托盘。

## 3.4.4 工作准备

（1）穿好工作衣、工作鞋，戴好工作帽和手套。

（2）清洁工作台面、清理工作区域地面，工具摆放整齐有序。

## 3.4.5 实训步骤

**1. 焊带、汇流条裁剪（手动操作）**

学校进行实训时，若有裁剪设备，则按步骤2进行，本步骤为手动剪裁操作。裁取焊带（汇流条）时选取1～5盘经检验合格的涂锡铜合金焊带盘，装在滚轮工装上，匀速抽取相对应的焊带头，平铺在裁剪台上，抚直焊带或汇流条，每一根焊带头部必须紧靠固定装置，量好需要裁剪的尺寸，待长度确定后，快速落下裁剪刀。对剪下的焊带或汇流条再次进行尺寸确定。确定裁剪的尺寸符合要求后，进行批量裁剪。裁剪大约16根后，将焊带或汇流条摆放整齐，同时挑出不合格的焊带或汇流条，确认合格后进行焊带整形工序，汇流条无需整形。

**2. 焊带、汇流条裁剪（机器操作）**

实训时若有裁剪设备，按此步骤进行，手动操作按步骤1实施。按规定要求设置好焊带的长度、所裁数量、切割的速度，每次换新的尺寸都需要进行首检（对第一次切下来的焊带或汇流条进行尺寸检查，尺寸符合要求即可批量裁剪），尺寸有偏差需重新调整长度参数，直到尺寸正确为止，然后将焊带盘放入裁剪机中裁剪。将裁好的焊带或汇流条摆放整齐，同时挑出不合格的焊带或汇流条，确认合格后进行焊带整形工序，汇流条无需整形。

**3. 焊带浸助焊剂**

对已经裁剪好的焊带浸助焊剂，每次拿一扎浸一扎，不宜多拿。浸泡的时间为 3～5min，在浸泡的同时要揉、搓焊带，使助焊剂最大限度地粘在焊带上，便于焊接。

**4. 烘干助焊剂（人工操作）**

实训时若无设备，则按此步骤实施。把浸好的焊带轻轻从塑料盘中拿出，沥干后放在泡沫垫上，用电吹风机烘干焊带上的溶剂，烘干的同时需翻动焊带，使焊带上的溶剂充分挥发掉，此时焊带已均匀地涂上了一层助焊剂，把烘干后的焊带理顺抚平，捆扎好，放入托盘中。

**5. 烘干助焊剂（机器操作）**

把浸好的焊带轻轻从塑料盘中拿出，沥干后放置在滚筒内，滚筒斜放在塑料盘上进行再次沥干，约1～2min，把滚筒放到烘干机中，设置好机器参数，温度设为170～190℃，时间设为110～150s，开启启动开关，等到规定时间后机器自动停止，关闭机器开关，拿出烘干好的焊带理顺抚平，捆扎好，放入托盘中。若发现焊带仍残留有溶剂，可以用电吹风机烘干。

### 3.4.6 质量检测

**1. 焊带、汇流条合格标准**

合格的焊带、汇流条粗细均匀、表面焊锡均匀涂覆且无铜层裸露、无毛刺、平直无弯曲、长短一致。

**2. 焊带浸助焊剂合格标准**

合格的浸助焊剂焊带上有明显的助焊剂活性成分，使焊带表面呈现粉末状，手摸上去无潮湿感。

### 3.4.7 注意事项

（1）裁剪焊带过程中要小心使用裁纸刀，防止割伤手指。

(2) 使用机器要注意安全。

(3) 烘干助焊剂时要注意戴好口罩及皮手套，废弃的助焊剂要放入专用容器妥善处理，不得随意倒入下水道。

(4) 现场存放助焊剂的容器要密封、避光。

(5) 实训场所通风良好。

(6) 助焊剂必须在有效期内使用，过期的助焊剂必须由实训指导老师妥善处理。

(7) 在烘干助焊剂过程中，如皮肤直接接触了助焊剂，应及时用清水冲洗；如助焊剂不慎入眼，应立即用清水冲洗，严重者应立即就医。

(8) 实训期间不允许进食，实训结束要用肥皂洗手。

### 3.4.8 数据记录

将上述实训所用的时间及结论填入表3-10中。

表3-10 数据记录表

| 序 号 | 操 作 项 | 所用时间 | 结 论 |
|---|---|---|---|
| 1 | 手动操作焊带1、汇流条裁剪 | | |
| 2 | 机器操作焊带1、汇流条裁剪 | | |
| 3 | 人工操作焊带1浸助焊剂 | | |
| 4 | 手动操作焊带2、汇流条裁剪 | | |
| 5 | 机器操作焊带2、汇流条裁剪 | | |
| 6 | 人工操作焊带2浸助焊剂 | | |
| 存在的问题及改进建议： ||||
| | | | 实训学员签字： |
| | | | 指导教师签字： |

## 3.5 EVA的交联度测量

EVA的质量关键取决于其交联度，不同批次、不同品牌的EVA交联度都不尽相同，因此EVA的的交联度试验显得十分重要。测量交联度时，EVA胶膜经加热固化形成交联，采用二甲苯溶剂萃取样品中未交联部分，从而测定出交联度。

可取已经加热固化交联的EVA试样少许，也可从光伏组件的四周及中间提取适量固化后的EVA。交联度测量方法如下。

(1) 试剂。取适量试剂二甲苯（AR级）。

(2) 试样。取出固化好的EVA，用剪刀将EVA剪成3mm×3mm以下的小薄片。

(3) 剪取120目、面积为60mm×120mm的不锈钢钢丝网，洗干净后烘干，再对折成60mm×60mm，两侧再各折5mm，打开后形成40mm×60mm的袋子，然后在天平上称其质量（精确到 0.001g），记质量为 $m_1$。

（4）将准备测试的 EVA 放入不锈钢钢丝网袋中，试样质量为 1.0g 左右，在天平上称其质量（精确到 0.001g），记质量为 $m_2$。

（5）用 22 号细铁丝封住袋口做成试样包，在天平上称其质量（精确到 0.001g），记其质量为 $m_3$。

（6）将试样包用细铁丝悬挂在烧杯中，烧杯内加入约 1/2 体积的二甲苯溶剂，加热至 140℃左右，使溶剂沸腾回流约 5h，回流速度保持在 20～40 滴/min。

（7）干燥。回流结束后，取出试样包冷却并除去溶剂，然后放入 140℃的烘箱内烘 3h，取出试样包，在干燥器中冷却 20min，放在天平上称其质量（精确到 0.001g），记其质量为 $m_4$。

交联度 $C$ 的计算公式为

$$C = [1-(m_3-m_4)/(m_2-m_1)] \times 100\%$$

其中 $C$——交联度（%）；$m_1$——空袋子的质量；

$m_2$——装入 EVA 后袋子的质量；$m_3$——缠上铁丝后袋子的质量；

$m_4$——经过溶剂萃取并干燥后的质量。

将各项数据代入公式进行计算，得到交联度数值。

## 3　EVA、TPT、钢化玻璃和焊料的制备

## 项目评价

根据本章实训完成情况，对工作过程进行评价，评价表如表3-11所示。

表3-11　项目实训评价表

| 项目 | 指标 | 分值 | 评价方式 自测（评） | 评价方式 互测（评） | 评价方式 师测（评） | 备注 |
|---|---|---|---|---|---|---|
| 任务完成情况 | EVA裁剪与备料 | 10 | | | | |
| 任务完成情况 | TPT裁剪与备料 | 10 | | | | |
| 任务完成情况 | 钢化玻璃选购与检测 | 10 | | | | |
| 任务完成情况 | 焊带、汇流条制备 | 10 | | | | |
| 技能技巧 | 操作用时评价 | 10 | | | | |
| 技能技巧 | 团队协作评价 | 10 | | | | |
| 技能技巧 | 规模操作评价 | 10 | | | | |
| 职业素养 | 实训态度和纪律 | 10 | | | | 1. 按照6S管理要求规范摆放 2. 按照6S管理要求保持现场 |
| 职业素养 | 安全文明生产 | 10 | | | | |
| 职业素养 | 设备及工量具放置管理 | 10 | | | | |
| 合计分值 | | | | | | |
| 综合得分 | | | | | | |
| 指导教师评价 | 专业教师签字：_____　　　_____年_____月_____日　　实训指导教师签字：_____　　　_____年_____月_____日 ||||||
| 自我评价小结 | 实训人员签字：_____　　　_____年_____月_____日 ||||||

# 4 电池片的焊接工艺

## 4.1 焊接工艺简介

### 4.1.1 焊接条件

在光伏组件生产和加工过程中，焊接是一种主要的连接方法，它利用加热或其他方法，使两种材料产生有效、牢固、永久的物理连接。焊接方法通常分为熔焊、钎焊和接触焊三大类。在焊件不熔化的状态下，将熔点较低的钎料金属加热至熔化状态，并使之填充到焊件的间隙中，与被焊金属相互扩散达到金属间结合的焊接方法称为钎焊。在光伏组件加工中主要采用的是钎焊，它又分为硬焊和软焊，两者的区别在于焊料的熔点不同，软焊的熔点不高于450℃。采用锡焊料进行的焊接又被称为锡焊，它是软焊的一种。锡焊方法简便，整修焊点、拆换元件、重新焊接都比较容易实施，使用简单的电铬铁即可完成任务。

由于太阳能电池片具有薄、脆和易开裂等物理特性，采用自动焊接工艺难度较高。目前国内外广泛采用的是手工焊接。只有极少数国外的企业在光伏组件生产环节中采用自动焊接，但这样常常使企业面临电池片破损率较高的困境。在太阳能电池组件生产环节中，电池片的破损率是有严格要求的，一般不能超过0.4%，所以，只有经过严格的工艺训练并达到相应标准才能在手工焊接岗位从事电池片的生产加工任务。

### 4.1.2 焊接工艺

太阳能电池片焊接工艺参数包括焊接温度、加热速度、焊接时间、冷却速度、垫板温度等，其中焊接温度和时间最为关键。焊接工位台如图4-1所示。

**1. 焊接温度**

焊接温度通常应高于焊料熔点25～60℃，以保证焊料填满空隙。如果提高温度，能减少焊料熔化的表面张力，从而提高浸润性，增强电池片与焊带之间的结合力。但温度过高，会使电池片产生变形，产生过热或熔蚀等缺陷。

**2. 加热速度**

加热速度应根据电池片的厚薄程度，焊带的材料、形状和大小等具体因素确定。如果焊件的尺寸小或厚度薄、导热性好或焊料内易蒸发成分多，则焊接加热速度需快些。

图4-1 焊接工位台

### 3. 冷却速度

冷却速度应根据电池片和焊带的材料、形状和大小等具体因素确定。使用快速冷却有利于焊缝组织细化，可提高其力学性能，但对于较脆的电池片，应注意冷却速度不能过快，以防产生隐裂。

### 4. 焊接时间

焊接时间应根据焊件的大小及焊料与电池片相互作用的剧烈程度决定。适当的焊接时间有利于焊料与电池片之间的相互扩散，形成牢固的接触。一般来说，大尺寸焊件的焊接时间长一些，焊料与电池片作用剧烈的焊接时间要短一些。

### 5. 垫板温度

在规范的组件焊接工作台上，要求具备自动恒温加热装置，对焊接工作台的垫板进行加热。电池片放置在焊接工作台垫板上，垫板的温度决定了电池片的整体温度。垫板的温度太高会导致待焊电池片变形，垫板的温度太低会使待焊电池片与焊接工具之间温差过大，导致电池产生碎片。具有自动恒温加热功能的垫板装置温控面板如图4-2所示。

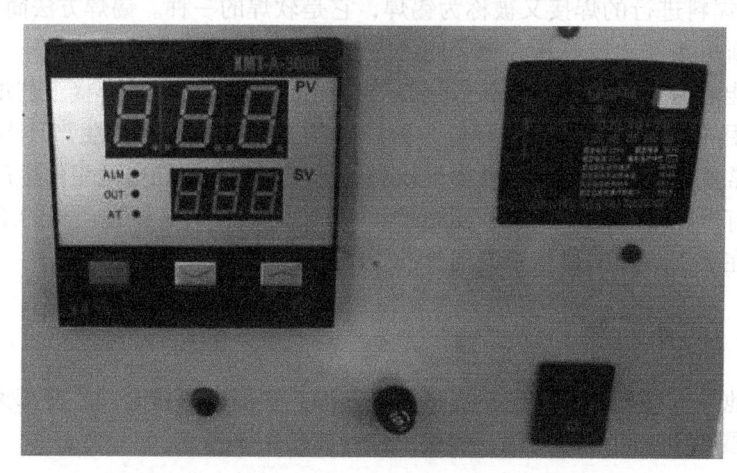

图4-2 具有自动恒温加热功能的垫板装置温控面板示意图

## 4.1.3 焊接工具

在光伏组件生产中，常用的焊接工具是焊台和手持式小功率电烙铁。为了适应环保要求，推荐使用无铅焊台或无铅电烙铁进行焊接操作。使用无铅焊接时面临着焊接温度高、腐蚀性强、易氧化的困难，烙铁头的保养及使用方法十分重要，良好的、正确的烙铁头保养及使用方法可以避免生产中出现虚焊、脱焊，延长烙铁头的使用寿命，降低生产成本。

### 1. 清洁海绵

使用焊台前先用水浸湿清洁海绵，再挤干多余的水分。如果使用干燥的清洁海绵，会使烙铁头受损而导致不上锡。

#### 2. 烙铁头的清理

焊接前先用清洁海绵清除烙铁头上的杂质，这样可以保证焊点不会出现虚焊、脱焊现象，可以降低烙铁头的氧化速度，延长烙铁头的使用寿命。

#### 3. 烙铁头的保护

先将控温台温度调到300℃，然后清洁烙铁头，再加上一层新焊锡作为保护层，这样可以保护烙铁头和空气隔离，烙铁头不会和空气中的氧气发生氧化反应。如图4-3所示为具有自动温度调节功能的焊台。

图4-3 具有自动温度调节功能的焊台

#### 4. 氧化的烙铁头处理方法

当烙铁头已经氧化时，可先将控温台温度调到300℃，用清洁海绵清理烙铁头，并检查烙铁头状况；如果烙铁头的镀锡层部分含有黑色氧化物时，可镀上新锡层，再用清洁海绵擦拭烙铁头。如此重复清理，直到彻底去除氧化物，然后再镀上新锡层；如果烙铁头变形或穿孔，必须更换新的烙铁头。

> 注意
>
> 切勿用锉刀剔除烙铁头上的氧化物。

### 4.1.4 注意事项

在光伏组件的焊接中应尽量使用低温焊接，无铅焊带所需温度为400℃，如果温度超过450℃，其氧化速度是370℃的两倍；应保持烙铁头涂覆有锡层，防止氧化；焊接时，请勿施加过大压力，否则会使烙铁头受损变形，只要烙铁头能充分接触焊点，热量就可以充分传递，另外选择合适的烙铁头也能达到更好的焊接效果，提高工作效率；对于内热式电烙铁，焊接时不要用力敲烙铁头，高温时容易将电热芯碰坏；

在操作焊台按键时用力要平衡，手柄插入控温台接线孔时方向要对准，以免焊台短路烧坏。长时间不进行焊接操作时，应关闭焊台电源。如果烙铁头长时间处在高温状态，会使烙铁头上的焊剂转化为氧化物，从而致使烙铁头的导热功能大为减退。所以，当焊台不使用时应及时关掉电源（针对非控温及无自动休眠功能的焊台）。

**问题与思考**

1. 整个焊接过程中需要使用的电器设备有很多，打开和关闭各种设备电源开关的顺序非常重要，你认为应如何安排和操作？

2. 烙铁头的形状和种类很多，从太阳能电池片焊接的角度出发，应选择什么类型的烙铁头？

### 4.1.5 操作数据记录

按表4-1中的各项操作，练习操作项目，并按照"熟练"、"一般"和"较差"3个层次对掌握程度进行评价，记录在表4-1中。

表4-1 操作记录表

| 序 号 | 练习操作项目 | 掌握程度 | 备 注 |
|---|---|---|---|
| 1 | 焊接工位台的使用方法 | | |
| 2 | 焊接的操作手法和姿态 | | |
| 3 | 垫板温度的设定方法 | | |
| 4 | 烙铁温度的调节方法 | | |
| 5 | 烙铁头处理方法 | | |
| 6 | 6S管理要求 | | |
| 存在的问题及改进建议： | | | |
| | | 学训学员签字： | |
| | | 指导老师签字： | |

## 4.2 手工焊接操作与工艺

用电烙铁在太阳能电池练习片（如特制覆铜电路板等）上练习焊接，达到熟练掌握焊接技术的目的，为真正焊接电池片打下基础。

### 4.2.1 工艺要求

（1）焊带焊接后须平直、光滑、牢固，用手沿45°左右方向轻提焊带不脱落。

（2）练习片表面清洁，焊接条要均匀地焊在主栅线内。

（3）练习片焊接完整，无碎裂现象。

（4）在焊接条上不能有焊锡堆积。

（5）助焊剂每班更换一次，玻璃器皿及时清洗。

（6）作业过程中必须戴好帽子、口罩、手指套，禁止用未戴手指套的手接触练习片。

（7）参数要求。烙铁温度为350～380℃，工作台板温度为45～50℃，烙铁头与桌面成30°～50°夹角。

## 4.2.2 物料清单

(1) 太阳能电池练习片 5 片，实训时可根据实际情况选择合适的练习片。
(2) 涂锡焊带，规格多种，如 1.6/2mm × (25±1) mm 等。
(3) 无水乙醇，规格为 99.5%。
(4) 医用脱脂棉。
(5) 助焊剂。
(6) 无尘布和清洁棉。
(7) 手套或手指套。

## 4.2.3 设备及工具清单

实训中需用到以下设备及工具。
(1) 加热恒温焊台或 220V/20W 内热式电烙铁。
(2) 简易夹具。自制采用如图 4-4 所示的夹具夹持太阳能电池练习片。

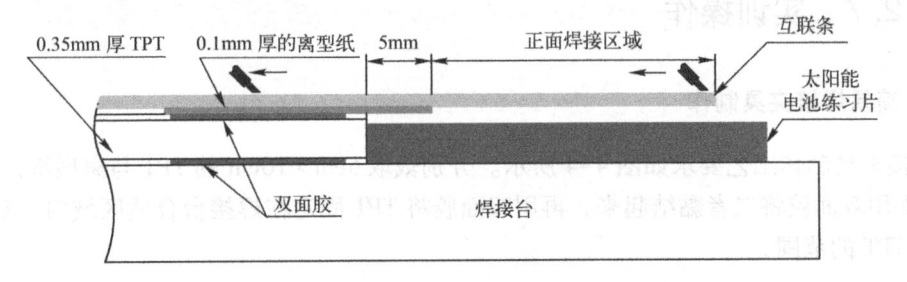

图 4-4 简单焊接夹具制作及使用方法示意图

(2) 镊子，小号不锈钢材质。
(3) 测温仪和助焊剂碟。

## 4.2.4 工作过程

太阳能电池练习片焊接操作方法如图 4-5（a）所示，夹具与太阳能电池片的结合处交叠约 5 mm，如图 4-5（b）所示。

（a）操作方法 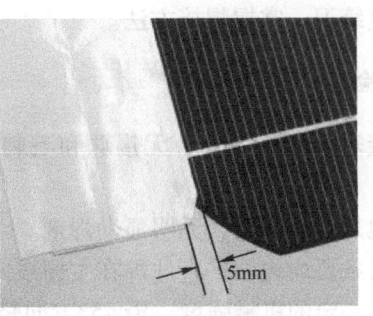　　（b）夹具使用方法

图 4-5 操作示意图

### 4.2.5　工作准备

（1）穿戴工作衣、鞋、帽、口罩，十个手指必须都戴指套，防止污损电池片。
（2）清洁工作台面，清理工作区域地面，做好工艺卫生，工具摆放整齐有序。

### 4.2.6　焊前准备

（1）预热电烙铁。打开电烙铁，检查烙铁是否完好，使用前用测温仪对电烙铁实际温度进行测量，当测量温度和实际温度差异较大时需及时修正，焊接过程中每 4h 检查一次电烙铁温度。将加热台温度调至 50～80℃，烙铁温度设定为 300～350℃。
（2）浸润焊带。将少量助焊剂倒入玻璃器皿中备用，将要使用的焊带在助焊剂中浸润后，用镊子将浸润后的焊带取出放在碟内晾干。
（3）在恒温焊台的玻璃上垫一张 A4 复印纸，上角做一小拆痕。
（4）将太阳能电池练习片正面（覆铜面）朝上，放在恒温焊台的玻璃上。

### 4.2.7　实训操作

**1. 简易焊接夹具制作**

焊接夹具制作工艺要求如图 4-4 所示。分别裁取 5cm×10cm 的 TPT 与离型纸，按图 4-4 的要求用双面胶将二者黏结起来，再用双面胶将 TPT 固定在焊接台合适区域内，双面胶不可超出 TPT 的范围。

**2. 操作练习**

（1）按图 4-6 所示要求练习焊接操作，电池片须紧靠焊接夹具上方，将互联条与电池片主栅线对齐，轻压住互联条和练习片，按调整好的温度和速度平稳焊接；焊接收尾处烙铁轻轻上提，以防止收尾处出现小锡渣。
（2）先焊互联条较长的练习片，然后按要求焊接短互联条引出线的练习片。
（3）反复练习，掌握焊接方法。

**3. 焊后检查**

（1）焊接表面光滑明亮，无锡珠和毛刺，无脱焊、虚焊和过焊。
（2）电池片表面清洁，无明显助焊剂。

图 4-6　焊接操作工艺示意图

（3）互联条要均匀、平直地焊在主栅线内，焊带与电池片主栅线的错位不大于 0.5mm。
（4）具有一定的机械强度，沿 45°方向轻拉不脱落。
（5）抽检电烙铁温度和焊接质量，做好记录，填写表 4-2。

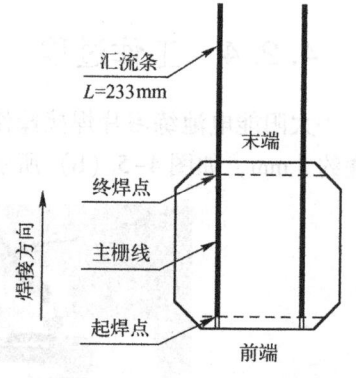

### 4. 注意事项

（1）焊带末尾处留取 4～7mm 不焊接；每焊接 720 片电池片更换一次焊接夹具。

（2）焊接好的电池片在指导老师的帮助下放入周转盒中，每隔 11 片放一张隔离垫。

（3）要把练习片真正当做电池片操作，小心操作，养成良好的习惯。

### 5. 数据记录

将以上操作的焊接时间及质量检验结果填入表 4-2 中。

表 4-2　操作记录表

| 焊接练习次数 | 焊接时间 | 质量检验结果 | 结　论 |
| --- | --- | --- | --- |
| 第 1 次 | | | |
| 第 2 次 | | | |
| 第 3 次 | | | |
| 第 4 次 | | | |
| 第 5 次 | | | |
| 存在的问题及改进建议： | | | |
| | | | 实训学员签字： |
| | | | 指导老师签字： |

## 4.3　电池片单片焊接操作工艺

使用烙铁工具，将单片太阳能电池的正负极用涂锡焊带进行焊接，为下一步的串联焊接操作做好准备。

### 4.3.1　工艺要求

（1）焊带焊接后平直、光滑、牢固，用手沿 45°左右方向轻提焊带不脱落。

（2）电池片表面清洁，焊接条要均匀地焊在主栅线内。

（3）太阳能电池片完整，无碎裂现象。

（4）在焊接条上不可有焊锡堆积。

（5）助焊剂须每班更换一次，玻璃皿及时清洗。

（6）作业过程中都须戴好帽子、口罩、手指套，禁止用未戴手指套的手接触电池片。

（7）参数要求。烙铁温度设定为 350～380℃，工作台板温度设定为 45～50℃，烙铁头与桌面成 30°～50°夹角。

### 4.3.2 物料清单

(1) 太阳能电池片，6片。
(2) 涂锡焊带，规格为1.6mm×0.2mm×(25±1)mm；助焊剂1盒。
(3) 无水乙醇，规格为99.5%。
(4) 医用脱脂棉。
(5) 手套或手指套；无尘布和清洁棉。

### 4.3.3 设备工具清单

实训中所需设备及工具如下：
(1) 恒温焊台或220V/20W内热式电烙铁；简易夹具；
(2) 小号不锈钢镊子；
(3) 测温仪和助焊剂容器。

### 4.3.4 工作准备

(1) 穿好工作衣和工作鞋，戴好工作帽和手套。
(2) 清洁工作台面、清理工作区域地面，做好工艺卫生，工具摆放整齐有序。

### 4.3.5 太阳能电池片遴选

领到太阳能电池片后，轻轻打开包装盒，先检查太阳能电池片有无缺角或破损，然后清点太阳能电池片数量是否和包装盒上标记数目相符，若不符应立即通过组长报告实训指导老师登记备案。如太阳能电池片色差严重，应按不同颜色分选太阳能电池片，将颜色一致或相近的太阳能电池片分选出来，分类放置，具体要求如下。

(1) 每块太阳能电池片无碎片、裂缝、裂纹现象。
(2) 缺角或缺块不大于$1mm^2$，每片不超过2个。
(3) 表面无明显污渍，无栅线脱落，栅线断开长度不超过1mm。

### 4.3.6 叠放

(1) 将已经裁剪好的涂锡焊带领出。
(2) 把待焊接太阳能电池片放置在顺手位置，堆放高度不超过3片。
(3) 取电池片时，每次只可取1片。
(4) 把背面无缺陷的电池片放在焊接热铝板上，正面向上，检查电池片的正面，注意电池片主栅线的方向性。

### 4.3.7 焊前准备

(1) 预热电烙铁。打开电烙铁，检查烙铁是否完好，使用前用测温仪对电烙铁实际温度进行测量，当测试温度和实际温度差异较大时及时修正，每4h检查一次。

(2) 浸润焊带。将少量助焊剂倒入玻璃器皿中备用；将要使用的焊带在助焊剂中浸润后，用镊子将浸润后的焊带取出放在碟内晾干。

(3) 在恒温焊台的玻璃上垫一张 A4 复印纸，上角做一小折痕。

(4) 将太阳能电池单片正面（蓝色面）朝上，放在恒温焊台的玻璃上。

### 4.3.8 焊接过程

焊接工艺如图 4-7 所示。左手用镊子在约 1/3 ~ 2/3 的长度处夹住焊带一端，平放在单片的主栅线上，焊带的另一端接触到太阳能电池片的第一条栅线上（单片右边边缘约 2mm 处）。右手拿烙铁，从左至右用力均匀地沿焊带轻轻压焊。焊接时烙铁头的起始点应在太阳能电池片左边边缘或超出边缘的 0.5mm 处；焊接中烙铁头的平面应始终紧贴焊带。当烙铁头离开太阳能电池片时（即将结束），轻提烙铁头，快速拉离电池片。每条主焊线焊接时间为 3 ~ 5s。

对尖主栅线，应从第三条细栅线起焊，如果尖端底部在第二条细栅线，则从第二条细栅线起焊，如图 4-7 所示。

图 4-7 焊接工艺示意图

### 4.3.9 焊后检查

(1) 芯片无碎裂、缺角和缺块现象。太阳能电池片应无残迹的焊剂，不允许有锡珠或毛刺。

(2) 焊接面应平整光亮，无凸起的锡块，焊带条与电池片上的焊接条带要重合无弯曲。

(3) 无虚焊、漏焊现象，用手沿 45°左右方向轻提焊带条不脱落。轻拉焊带，检查是否有虚焊。

(4) 每完成一片电池片焊接立即填写如表 4-3 所示的操作记录表。

(5) 对不符合要求的要自行返工，废片和待处理片分类放置。

(6) 焊接完毕后将电池片正面向上放置，堆放整齐，下面垫上轻软物品。

### 4.3.10 注意事项

(1) 烙铁使用中处于高温状态，要注意防止烫伤自己和他人。

(2) 电烙铁使用完毕应放在烙铁架上，不允许随意乱放，电烙铁不用时应拔下电源插头。

（3）焊接前应检查烙铁头是否有残留的焊锡及其他污物；如有，则将烙铁头在干净的清洁棉上擦拭，去除残余物。

### 4.3.11 数据记录

将以上操作的练习时间和其他数据填入表4-3中。

表4-3 操作记录表

| 焊接练习次数 | 不符合指标项 | 焊接时间 | 结　论 |
| --- | --- | --- | --- |
| 第1次 | | | |
| 第2次 | | | |
| 第3次 | | | |
| 第4次 | | | |
| 第5次 | | | |
| 第6次 | | | |

存在的问题及改进建议：

实训学员签字：

指导老师签字：

## 4.4 电池片串联焊接操作工艺

将单片焊接好的电池片焊接成2串，每串6个电池片，进行正确串联焊接操作练习。

### 4.4.1 工艺要求

（1）焊带焊接后平直光滑，无突起、毛刺。
（2）电池片表面清洁，焊接条要均匀落在背电极内。
（3）单片完整无碎裂现象。
（4）焊接条上不能有焊锡堆积。
（5）手套和手指套、助焊剂须每天更换，玻璃器皿要清洁干净。
（6）烙铁架上的海棉也要每天清洁。在作业过程中触摸材料须戴手套（或指套）。
（7）参数要求。烙铁温度为340～370℃，工作台板温度为50～55℃。

### 4.4.2 物料清单

（1）焊接合格的单个电池片。
（2）助焊剂和无水乙醇。

（3）浸泡助焊剂后经充分干燥的焊带。

### 4.4.3　设备及工具清单

实训中所需设备及工具清单如下。
（1）焊接工作台。
（2）恒温焊台（或电烙铁）。厚度为 0.25～0.35mm 的太阳能电池片，选用 60W 电烙铁；厚度为 0.60～0.80mm 的太阳能电池片，选用 80W 电烙铁。
（3）定位模板。常用两种类型的模板是 125mm×125mm 和 156mm×156mm，串联焊接模板如图 4-8 所示。

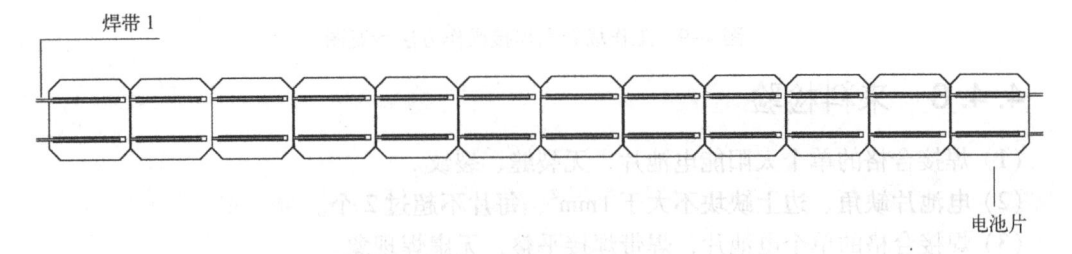

图 4-8　串联焊接模板示意图

（4）托板。用于放置已串联焊接好的电池串。
（5）金属镊子、剪刀、毛笔和清洁棉。
（6）玻璃器皿。盛放助焊剂用的玻璃器皿。
（7）抹布。用来擦拭电池片正背面的助焊剂，也可使用旧作业手套代替。
（8）锉刀和螺丝刀。修理和更换烙铁头使用。

### 4.4.4　工作准备

（1）穿好工作衣和工作鞋，戴好工作帽、口罩，十个手指必须都戴手指套。
（2）清洁工作台面、清理工作区域地面，做好工艺卫生，工具摆放整齐有序。
（3）检查辅助工具是否齐备，有无损坏，如不齐全应及时申领。
（4）根据所焊组件大小，选择定位模板。
（5）打开电烙铁电源，检查烙铁是否完好，焊接前用测温仪对电烙铁实际温度进行测量，当测试温度和实际温度差异较大时及时修正。
（6）将助焊剂倒入玻璃器皿中，将要使用的焊带在助焊剂中浸润后，用镊子将浸润后的焊带取出放在碟内晾干。

### 4.4.5　工作场景

工作场景和焊接操作方法如图 4-9 所示。

(a) 工作场景 　　　　　　　　(b) 焊接操作方法

图 4-9　工作场景和焊接操作方法示意图

### 4.4.6　来料检验

（1）焊接合格的单个太阳能电池片，无裂缝、裂纹。
（2）电池片缺角、边上缺块不大于 1mm²，每片不超过 2 个。
（3）焊接合格的单个电池片，焊带焊接平整，无虚焊现象。

### 4.4.7　摆放电池片

（1）在单个焊接好的电池片的互联条上均匀地涂上助焊剂。
（2）将电池片露出互联条的一端向右，依次在模板上排列好，正极（电池片背面）向上，互联条落在下一片的主栅线内。
（3）将电池片按模板进行定位，检查电池片之间的间距是否均匀且相等。

### 4.4.8　串联焊接操作

（1）右手拿烙铁，从左至右用力均匀地沿焊带轻轻压焊。
（2）焊接时烙铁头的起始点应在焊带左边边缘或超出边缘的 0.5mm 处；焊接中烙铁头的平面应始终紧贴焊带，由左至右快速焊接，要求一次焊接完成，操作方法如图 4-9（b）所示，参数要求如图 4-10 所示。

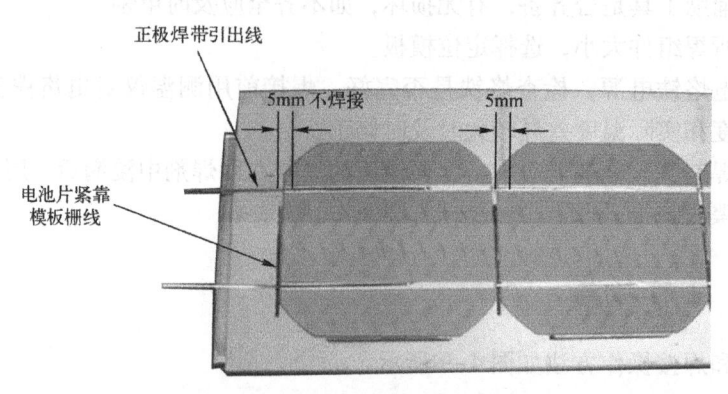

图 4-10　串联焊接参数要求示意图

（3）烙铁和被焊工件成40°～50°角进行焊接。焊接下一片电池时，还须保证前面的一片位置正确，防止倾斜。确定焊牢后，把电池片向左推，依次焊接，如图4-9（b）所示。

（4）串联焊接完整个组件后（4串或6串），将电池串放置在托板上，并放上流程单。

### 4.4.9　焊接过程中的检查

（1）检查电池片背电极与电池正面焊带是否在同一直线上，防止片之间焊带错位。

（2）电池片之间相连的焊带头部可有5mm距离不焊接，如图4-10所示。

（3）在焊接过程中，若遇到个别尺寸稍大的电池片，可将其放在尾部焊接；若遇到频率较高，只要能保证前后间距一致无喇叭口状，总长度保持不变，即可焊接。

（4）虚焊时，助焊剂不可涂得太多，以免擦拭烦琐。

### 4.4.10　清洁和转移

（1）擦拭电池片时，需用无纺布蘸少量酒精小面积顺着互联条轻轻擦拭。

（2）串联焊接成串后，用酒精擦掉正极主栅线的助焊剂。

（3）接好的电池串，需检查正面，将其放在托板上，再在上面放置一块托板，双手拿好板轻轻翻转，放平即可。

（4）检查完的电池串放到托板上，每块托板只能放一串电池，要求电池串正面向上。

### 4.4.11　焊后检查

（1）检查焊接好的电池串，焊带是否落在背电极内，以及电池串的片间距是否准确一致。

（2）检查电池片正面是否有虚焊、漏焊、短路、毛刺、堆锡等现象。

（3）检查电池串表面是否清洁，焊接是否光滑，有无隐裂及裂纹，电池片数目是否正确（少一片或多一片）。

（4）相关数据填写在表4-4中。

### 4.4.12　注意事项

（1）使用烙铁时注意不要伤到自己和别人，焊接完毕时放在烙铁架上，不允许随意乱放，长时间不用应关闭电源；

（2）及时检查烙铁头是否有残留的焊锡及其他污物；可将烙铁头在干净的清洁棉上擦拭，去除残余物；

（3）如发现虚焊、毛刺，不得在托板上焊接，需放到模板上进行修复；

（4）焊接时夹取焊带使用金属镊子操作，避免接触到烙铁头而被烫伤；

（5）如发现有正电极与负电极栅线偏移≥0.5mm的太阳能电池片，则将该电池片调整为电池串首片；

（6）发现有大批质量问题或单片焊接问题时应立即向实训指导老师报告。

### 4.4.13 数据记录

将以上实训的相关特征及数据记录在表4-4中。

表4-4 操作记录表

| 练习次数 | 不符合指标项 | 焊接时间 | 结　论 |
|---|---|---|---|
| 第1串 | | | |
| 第2串 | | | |
| 存在的问题及改进建议： ||||
| |||实训学员签字： |
| |||指导老师签字： |

## 项目评价

根据本章实训完成情况，对工作过程进行评价，评价表如表4-5所示。

表4-5 项目实训评价表

| 项目 | 指标 | 分值 | 自测（评） | 互测（评） | 师测（评） | 备注 |
|---|---|---|---|---|---|---|
| 任务完成情况 | 焊接工艺操作 | 10 | | | | |
| | 练习片模拟焊接、简易夹具制作 | 10 | | | | |
| | 单片焊接操作 | 10 | | | | |
| | 串联焊接操作 | 10 | | | | |
| 技能技巧 | 按操作用时评价 | 10 | | | | |
| | 按团队协作评价 | 10 | | | | |
| | 按规范操作评价 | 10 | | | | |
| 职业素养 | 实训态度和纪律 | 10 | | | | 1. 按照6S管理要求规范摆放 2. 按照6S管理要求保持现场 |
| | 安全文明生产 | 10 | | | | |
| | 设备及工量具放置管理 | 10 | | | | |
| 合计分值 | | | | | | |
| 综合得分 | | | | | | |
| 指导教师评价 | 专业教师签字：_____  ___年___月___日<br>实训指导教师签字：_____  ___年___月___日 ||||||
| 自我评价小结 | 实训人员签字：_____  ___年___月___日 ||||||

# 5 激光划片、叠层和滴胶工艺

## 5.1 激光划片工艺

本节以初检好的电池片为原材料,在激光划片机上进行划片操作。

### 5.1.1 工艺介绍

太阳能电池片的划片是光伏组件加工的关键工序之一。主要采用的设备有金刚石划片设备和激光划片机两种。由于激光划片机的切割效率更高,现在许多企业都采用激光划片机来切割电池片,以满足制作小型及特定型光伏组件的需要。

激光划片机一般由激光器、电源系统、冷却系统、光学扫描系统、聚焦系统、真空泵、控制系统、工作台、计算机等组成,如图5-1所示。控制台上有电源、真空泵、冷却水开关按钮及电流调节按钮等;工作台面上有抽气孔,抽气孔与真空泵相连,打开真空泵后太阳能电池片就被吸附在控制台上,切割过程中位置保持固定。切割时将太阳能电池片放在工作台上,打开计算机,设计切割路线,按下确定键后,激光光束开始移动,通过在控制台上调节工作电流来调节切割深度。

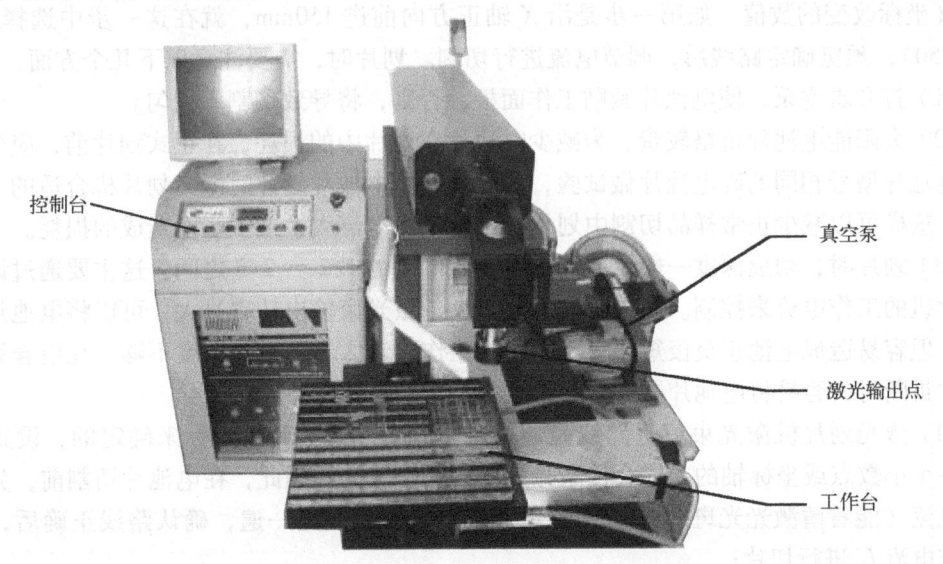

图5-1 激光划片机

激光具有高亮度、高方向性、高单色性和高相干性的特性。激光束通过聚焦后,在焦点处产生数千度甚至上万度的高温,从而使材料熔化或发生化学变化。激光划片是把激光束聚焦在硅、锗、砷材料的表面,形成很高的功率密度,使硅片形成沟槽,在沟槽处形成应力集中,很容易沿沟槽整齐断开。激光划片为非接触加工,用激光对太阳能电池片进行划片,能较好地防止物理损伤和硅片污染，可以提高硅片的利用率，提高产品的成品率。

**1. 激光划片优点**

与传统的机械划片技术比较，激光划片主要有以下优点。

（1）激光划片由计算机控制，速度快，精确度高，大大提高了加工效率。

（2）激光划片为非接触式加工工艺，减少了硅片的表面损伤与刀具的磨损，提高了产品成品率。

（3）激光划片光强控制方便，激光聚焦后功率密度高，能很好地控制切割深度，适合对硅片这种薄、脆、硬的材料进行切割。

（4）激光束较细，加工材料消耗很小，加工受热区域较小。

（5）激光划片沟槽整齐，无裂纹，深度一致。

（6）激光加工操作方便简捷，使用安全，人工、材料消耗成本低。

太阳能电池片每片输出电压为 0.4～0.45V（开路电压约 0.6V），将一片切成两片后，每片电压不变；太阳能电池的功率与电池板的面积成正比。根据光伏组件所需电压、功率，可以计算出所需电池片的面积及电池片片数。划片前，应设计好切割路线，画好草图，要尽量利用切割剩余的电池片，提高电池片利用率。

**2. 划片操作**

划片时，先打开激光划片机及与之相连的计算机的电源，将要划片的太阳能电池片放在切割台上，并摆好位置，打开计算机中的切割程序，根据设计路线输入 $X$、$Y$ 轴方向的行进距离（坐标改变的数值，如第一步是沿 $X$ 轴正方向前进 150mm，就在这一步中选择 $X$ 轴，输入 150），预览确定路线后，调节电流进行切割。划片时，需要注意以下几个方面。

（1）打开真空泵，使电池片紧贴工作面板，否则，将导致切割不均匀。

（2）太阳能电池片价格较贵，为减少电池片在划片中的损耗，在正式划片前，应先用与待切电池片型号相同的碎电池片做试验，测试出该类电池片划片时激光划片机合适的工作电流 $I_0$，这样可以减少正常样品切割中划片机由于工作电流太大或太小而造成的损耗。

（3）划片时，切痕深度一般要控制在电池片厚度的 1/2～2/3 之间，这主要通过调节激光划片机的工作电流来控制。如果工作电流太大，激光束输出功率过大，可以将电池片直接划断，但容易造成电池正负极短路。反之，当工作电流太小，划痕深度不够，在沿着划痕将电池片折断时，容易将电池片弄碎。

（4）激光划片机激光束行进路线是通过计算机设置 $X$、$Y$ 轴坐标来确定的，设置坐标时，一个小数点或坐标轴的差错会使激光束路线完全改变。因此，在电池片切割前，先用小工作电流（能看清激光光斑即可）让激光束沿设定的路线走一遍，确认路线正确后，再调至工作电流 $I_0$ 进行切片；

（5）一般来说，激光划片机只能沿 $X$ 或 $Y$ 轴单方向进行划片，切矩形电池片比较方便。当电池片需要切成三角形等其他形状时，划片前一定要计算好角度，切片过程中调整电池片的角度，使需要切割的线路符合设计线路；

（6）在切割不同电池片时，如果两次厚度差别较大，在调整工作电流 $I_0$ 的同时，注意调整焦距。

**3. 注意事项**

使用激光划片机切割太阳能电池片时，还有其他一些需要注意的问题。

（1）确保循环水工作正常后，再开启激光器电源，否则工作温度过高，容易烧坏电源。

（2）激光器电源属于大功率高频开关电源，对外或多或少存在电磁污染，因而对电磁兼容性有要求的仪器设备，如变频器、计算机等，会产生一定影响，建议采用屏蔽、电源隔离等抗干扰措施。

（3）激光器一般采用氪灯泵浦，需要瞬时高压来触发氪灯，因此严禁在氪灯启辉前启动其他组件以防高压击穿，氪灯属于易损耗件，当发现老化时，需要更换新灯。

（4）激光划片机工作环境需保持清洁无尘，相对湿度小于80%，温度5～20℃；另外，要保持机内循环水干净，定期清洗水箱并更换作为循环水的去离子水或纯净水。

## 5.1.2　工艺要求

（1）划片切断面不得有锯齿现象。

（2）划片激光切割深度目测为电池片厚度的1/2～2/3，电池片尺寸公差为±0.02mm。

（3）每次作业必须更换指套，保持电池片清洁，不得裸手触及电池片。

（4）将太阳能电池片切割为四等份。

## 5.1.3　物料清单

（1）125mm×125mm 单晶硅电池片2片。

（2）156mm×156mm 多晶硅电池片2片。

要求电池片无碎裂现象、每片大于$1mm^2$的缺角或者缺块不超过2个，每片细栅断线不超过1根，断线长度不超过1mm。

## 5.1.4　设备及工具清单

实训中所需设备及工具如下。

（1）激光划片机。

（2）游标卡尺、镊子、内六角扳手、刀片、酒精、无尘布。

## 5.1.5　工作准备

（1）工作时必须穿工作衣、工作鞋，戴工作帽、口罩、指套。

（2）清洁工作台面、清理工作区域地面，做好工艺卫生，工具摆放整齐有序。

（3）检查辅助工具是否齐全，有无损坏等，如不齐全或有损坏应及时申领。

（4）领取太阳能电池片。

## 5.1.6　设备调试

激光划片机如图5-2所示，其控制面板如图5-3所示，调试方法如下。

（1）按激光划片机操作规程开启激光划片机。

（2）戴上激光防护眼镜，输入相应程序。
（3）在激光器关闭的情况下，试走一个循环，确认电气、机械系统正常。
（4）置白纸于工作台上，开启激光器，调焦距，调起始点。
（5）置白纸于工作台上，使白纸边缘紧贴 $X$ 轴、$Y$ 轴基准线，试走一个循环。

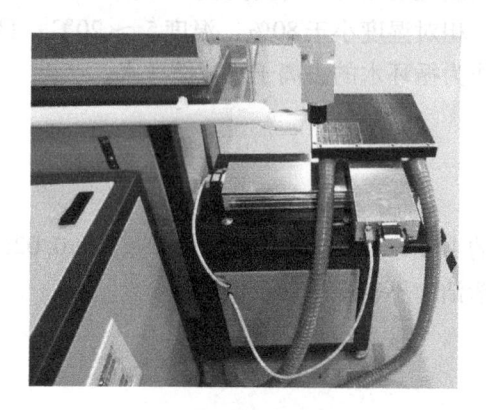

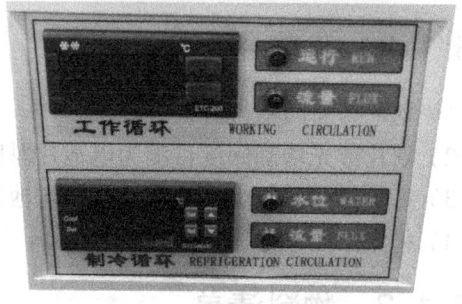

图 5-2　激光划片机　　　　　图 5-3　激光划片机控制面板

## 5.1.7　激光划片

（1）将需划片的太阳能电池片蓝色正面向下、灰色背面朝上，轻轻放置在工作台面上，电池片边沿紧靠定位尺，电池片背面栅线与 $X$ 轴平行，沿 $X$ 轴方向依次平行放置两块太阳能电池片。

（2）用鼠标点击"运行"键，开始划片。使激光划片机处于工作状态，调节激光器上的微动旋钮，使激光的焦点上下移动，当激光打在电池片上散发的火花绝大部分向上窜并听到清脆的切割声音时说明焦距已调好。切割的深度约为电池片厚度的 1/2～2/3。切割完毕，激光头应自动回到起始点。

（3）用右手将切割完毕的电池片轻轻移到工作台边缘，然后用左手接住电池片，放在操作台上。

（4）将另外两片电池片放在切割位置，开启运行键，开始第二次切割。

## 5.1.8　掰片

（1）将切割好的电池片拿起，灰色的背面朝上，拇指和食指捏住电池片的边缘，拇指在上，食指在下，沿划片的路径，两手同时用力向下掰片，将电池片分成 2 个单片。

（2）根据单片栅线类别和单片在原电池片中的位置，将单片分类放置。

（3）对划好的太阳能电池单片进行逐片自检，划出的电池片应符合尺寸要求，误差不超过 0.2mm，不符合条件即为待处理片。

## 5.1.9 检查和记录

（1）检查电池片尺寸是否在公差允许范围内。
（2）检查电池片是否有隐裂。

## 5.1.10 注意事项

（1）发现太阳能电池片有大批质量问题时，应及时报告实训指导老师。
（2）切割要求或太阳能电池片的大小、厚度改变时，须重新调节仪器。
（3）将切割过程中的待处理片和废片分类分开放置。
（4）太阳能电池片极易碎裂，易造成肉眼不可见的隐裂，这种隐裂会在后续工序中造成碎裂。所以，操作时应尽量减少接触太阳能电池片的次数，以减少造成损伤的机会。
（5）太阳能电池片必须轻拿轻放，并应在盒中码放整齐，禁止在盒里或桌面上无规则堆放。

## 5.1.11 程序示例

（1）找到原点的位置，并输入 $X$、$Y$ 轴离原点的距离（mm）。
（2）根据所给图纸的尺寸编写程序（太阳能电池片应紧贴 $X$ 轴平放）。
（3）先输入横轴（$X$ 轴）所切第一片宽度（mm），再输入纵轴（$Y$ 轴）所切长度（按整片长度（150mm）为准），在此基础上增加 1mm（151mm）。
（4）输入第三片（$X$ 轴）所切宽度，输入第二片长度（此时所切的路径与第一片长度所切路径相反应在数字前加入"－"，以此类推。
（5）输入最后一片的（$X$ 轴）宽度时应在所切宽度上增加 1mm。
（6）输入硅片中间应切的尺寸时按第一步所设定的长度的中间开始切。
（7）最后一步所切的长度为 2 片硅片长度。
（8）试划后确认并保留程序，划片运行结果如图 5-4 所示。

图 5-4 激光划片机运行结果示意图

## 5.1.2 操作数据记录

将以上操作的数据及质量检查情况填入表 5-1 中。

表 5-1　划片操作记录表

| 序　号 | 划片要求和尺寸 | 划片完成质量 | 掰片完成质量 |
|---|---|---|---|
| 1 | | | |
| 2 | | | |
| 3 | | | |
| 4 | | | |

(1) 划片领用不良状况：
(2) 设备运行情况记录：
(3) 存在的问题及改进建议：

实训学员签字：

指导老师签字：

### 问题与思考

激光划片时，为什么不直接将电池片划开，而要增加掰片工序？

## 5.2　拼接与叠层工艺

以钢化玻璃为载体，在 EVA 胶膜上将串联焊接好的太阳能电池串用汇流条按照设计图纸要求进行正确连接，拼接成所需电池方阵，并覆盖 EVA 胶膜和 TPT 背板材料完成叠层过程，如图 5-5 所示。为了保证叠层过程中拼接电极的正确无误，通过模拟太阳光源对叠层完成的电池组件进行电性能测试检验。

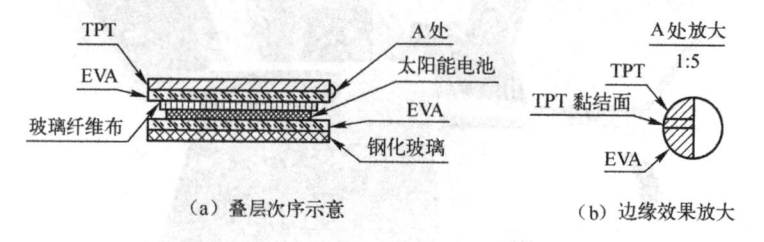

(a) 叠层次序示意　　　(b) 边缘效果放大

图 5-5　组件叠层次序示意图

### 5.2.1　工艺要求

(1) 太阳能电池串定位准确，串接汇流条平行间距与图纸要求一致（+0.5mm）。
(2) 汇流条长度与图纸要求一致（+1mm）。

(3) 汇流条平直无折痕，焊接良好无虚焊、假焊、短路等现象。

(4) 组件内无裂片、隐裂、缺角、印刷不良；电池片无极性接反、短路、断路现象，电池串极性连接正确。

(5) 组件内无杂质、污渍、助焊剂残留、焊带头和焊锡渣。

(6) EVA 与 TPT 应大于玻璃尺寸，形成完全覆盖。EVA 较玻璃尺寸大 5mm，TPT 较玻璃尺寸大 10mm。

(7) EVA 无杂物、变质、变色等现象。

(8) TPT 无褶皱、划伤，TPT 不移位。

(9) 组件两端汇流条距离玻璃边缘符合图纸设计尺寸要求，汇流条与玻璃边缘距离大于 13mm。

(10) 缺角电池片尺寸为 5mm×10mm，数量不大于 2 个/组件，缺角电池片周围不能出现其他缺角电池片。

(11) 玻璃平整，无缺口、划伤。

(12) 所测光伏组件的输出电压必须在规定范围以内，不能小于规定值。

(13) 触摸材料以及在作业过程都必须配戴干净的手套。

(14) 防护手套必须每天更换，保持手套的洁净干燥。

(15) 助焊剂每天更换一次，玻璃器皿及时清洗。

(16) 移动或者翻转电池串时，必须借助 PCB 板，不可徒手移动，以免损坏。

### 5.2.2 物料清单

(1) 焊接良好的电池串，钢化玻璃，小块 EVA、TPT，汇流条。

(2) 条形码，助焊剂，酒精，焊锡丝。

### 5.2.3 设备及工具清单

(1) 叠层中测工作台。

(2) 叠层定位模板、电池串翻转用泡沫板。

(3) 钢直尺，规格为 300mm，精度 0.5mm；镊子、斜口钳（或可用剪刀代替）、棉签、玻璃器皿、无尘布、酒精喷壶、普通透明胶带、毛笔。

(4) 电烙铁。厚度为 0.25～0.35mm 的电池片，采用 60W 电烙铁；厚度为 0.60～0.80mm 的电池片，采用 80W 电烙铁。

(5) 烙铁架。加热中的烙铁不使用时必须放在烙铁架上。

(6) 螺丝刀。根据电烙铁上使用的螺钉选用，换烙铁头用。

(7) 抹布。可使用旧作业手套，用于擦拭电池片正背面的助焊剂。

### 5.2.4 工作准备

(1) 敷设人员必须穿工作服、戴工作帽（女士长头发须全部放在工作帽内）、戴口罩（覆盖口、鼻）、戴手套或手指套（若为手指套每只手应不少于 3 只）工作，身体裸露部位不得接触原材料。

(2) 清理工作区地面、工作台面，EVA、TPT 搭放架，玻璃放置架，叠层定位模板，存放电池串的 PCB 板。

(3) 检查辅助工具是否齐备，有无损坏等，如不齐备或有损坏应及时申领。

(4) 插上电烙铁电源，检查电烙铁是否完好。使用前用测温仪对电烙铁实际温度进行测量，当测试温度和标称温度差异较大时应及时修正。

(5) 将少量助焊剂倒入玻璃器皿中到达 3/5 位置备用，并加以标志。

(6) 将少量酒精倒入酒精喷壶中备用。

(7) 根据叠层图纸要求选择叠层定位模板。

### 5.2.5 材料检测

(1) 串接完成的电池片，无破碎、无裂缝、裂纹。

(2) 串接后的太阳能电池片缺角、缺块不大于 $1mm^2$，每片不超过 2 个。

(3) 串联焊接平整，间距均匀（20±5mm），无虚焊、漏焊，正反面无污渍，无突起的焊锡块。

### 5.2.6 拼接前检查

(1) 将放有电池串的 PCB 板平稳放置于工作台上。

(2) 检查电池串一面有无隐裂、裂片、缺口、缺角、主栅线断裂、移位、虚焊等现象。互检，并及时修好，如问题严重直接通知实训指导老师处理。

(3) 用另一块 PCB 板盖在电池串上，两块 PCB 板夹住电池串，两名实训学生分别在 PCB 板的两端抓紧，并用手护住中间位置，同时向一个方向翻转，使电池串的另一面朝上。

(4) 检查电池串另一面的焊接情况，有必要时进行补焊。

(5) 电池串需用 PCB 板移动，两人同时抓紧电池串两头的电池片，将电池串稍稍抬起移走。

### 5.2.7 拼接

(1) 用双面胶将各汇流条固定，汇流条间距保持在 2～2.5mm 之间，叠层工艺图如图 5-6 所示。

(2) 根据要求用汇流条把串接条焊接起来，剪掉多余的汇流条，揭去双面胶的白纸。

(3) 在组件上覆盖一层玻璃纤维，在引线一端铺上相应尺寸的 EVA 和 TPT 条以便将电极引线隔开。焊上电极引出线，引出线一般位于组件一端的中间位置，引线的间距为 45～50mm，与近端玻璃边缘的距离为 25mm 左右；计划出口的光伏组件，其引出线口离近端玻璃边缘的距离为 25mm，引出线外侧两边之间的距离为 45mm，各引出线均匀分布，引出线长度为 50～60mm。

(4) 铺上一层 EVA 和一层 TPT，把引线从 EVA 和 TPT 中引出，用透明胶带固定住引线，盖上相应大小尺寸的辅助玻璃翻转过来，移去上层玻璃。

(5) 检查太阳能电池片正面有无碎片和虚焊，多余的焊带条是否剪掉，是否有其他污渍，发现问题及时处理。

(6) 在正面铺上一层 EVA，拿一块玻璃先检查是否有其他污渍，是否有划伤和缺口。如果完好则盖上玻璃，翻转过来移走上面玻璃，送去检测。

(7) 在做每一步之前要对前一步骤进行自检，发现错误自行修正。

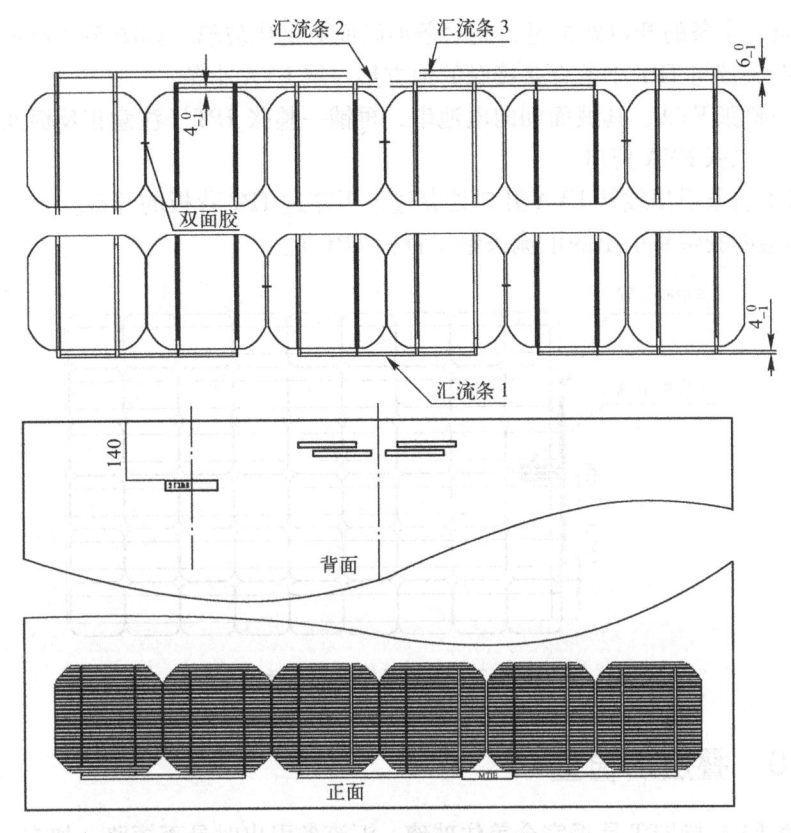

图 5-6 光伏组件叠层工艺图

## 5.2.8 叠层前检查

（1）将钢化玻璃置于叠层工作台上，玻璃绒面朝上，检查钢化玻璃有无缺陷，检验项目参照 GB 9963—1988 中规定的质量要求和检测标准执行。

（2）将玻璃四角和叠层台上定位角标靠齐对正，用无纺布对钢化玻璃进行清洁处理。

## 5.2.9 叠层

（1）将清洗好的钢化玻璃抬到叠层工作台上，玻璃的绒面朝上，再次检查钢化玻璃、EVA、TPT 是否满足生产要求。

（2）在玻璃上平铺一层 EVA，EVA 在玻璃四边的余量大于 5mm；注意 EVA 的光面朝向钢化玻璃的绒面。

（3）在 EVA 上放好符合组件板型的一套排版定位模具，电池串分别和头、尾端模板对应。

（4）按照模板上所标志的正负极符号，将电池串正确摆放在 EVA 上，电池串的减反射膜面朝下。

（5）电池串放置到位后，按照图纸要求及定位模板，用钢直尺对电池片的位置进行测量，调整电池串的位置。

（6）按照组件拼接图，正确焊接汇流带。

（7）将条形码贴于 TPT 小条上，并将小条放于汇流条引出位置并紧贴太阳能电池片边缘，使汇流条从小条的开口处穿过，此时条形码面对钢化玻璃，如图5-7所示。

（8）在汇流带与TPT小条直接接触的地方垫一层EVA小条。

（9）铺一整张EVA，其绒面朝向电池串，再铺一整张TPT（注意正反面及开口方向）。

（10）将第二张EVA剪口。

（11）将汇流条引出线从EVA开口处穿过，再穿过TPT背板的开口。

（12）用透明胶带将引出的汇流条粘于背板TPT上。

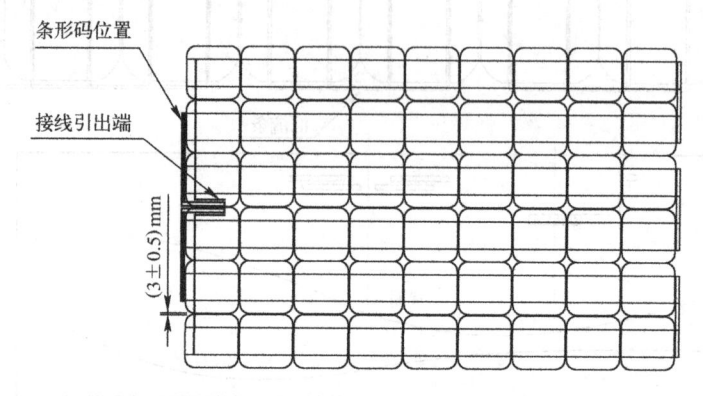

图5-7 条形码与接线示意图

## 5.2.10 叠层后检查

（1）检查EVA与TPT是否完全盖住玻璃，汇流条引出时是否短路，如有，立即调整。

（2）在中测工作台上，打开灯箱电源开关，将电压表的正极、负极引出线夹分别夹在组件引出端的正极、负极，读出光伏组件的输出电压值，填写在表5-3操作记录表的相应位置中。

（3）各板型组件中期检测的电压范围如表5-2所示，根据所给参数范围及数值判断组件是否良好。

（4）关闭中测工作台电源。

表5-2 各板型组件中间检测的电压范围

| 光伏组件板型（电池片排列） | 电池片规格 | 钢化玻璃尺寸 | 中测电压范围 |
| --- | --- | --- | --- |
| 6块×8块 | 150mm×156mm | 1300×960mm | 15~25V |
| 6块×9块 | 15mm×156mm | 1488×994mm | 16~28V |
| 6块×10块 | 156mm×156mm | 1594×957mm | 21~34V |
| 6块×12块 | 125mm×126mm | 1574×802mm | 25~36V |

## 5.2.11 外观检查

（1）将叠层后的光伏组件放在检查支架上。

（2）检查光伏组件极性是否接反。

（3）检查光伏组件表面有无异物、缺角、隐裂。焊带与汇流条的焊点之间的玻璃屏上下面应互相浸润、融合，不能呈现桔皮状。

（4）检查组件串间距是否均匀一致。

(5) 检查组件 EVA 与 TPT 是否完全盖住玻璃，EVA 超出玻璃边缘应大于 5mm、TPT 应超出玻璃边缘大于 10mm。

(6) 组件表面无异物、隐裂、裂片。

(7) 检查合格后，填写表 5-3 的操作记录表。

### 5.2.12 注意事项

(1) 电烙铁使用时处于高温，注意不要伤到自己和别人，不用时应放在烙铁架上，不允许随意乱放，以免引起火灾，伤及他人或物品。电烙铁长时间不用时应拔下电源插头。

(2) 覆盖 EVA、TPT 时一定要盖满钢化玻璃。

(3) 存取电池串时每次只能拿一串，要轻拿轻放。

(4) 对于不符合检验要求的太阳能电池应及时报告实训指导老师处理。

(5) 将操作过程中的待处理片和废片应分类放置，便于后序工艺处理。

### 5.2.13 数据记录

将以上操作的相关数据及结果填入表 5-3 中。

表 5-3 拼接与叠层工艺操作记录表

| 序　号 | 操作环节和项目 | 相关数据及检查特征记录 | 完成情况 |
| --- | --- | --- | --- |
| 1 | 工作准备环节 | | |
| 2 | 材料检测环节 | | |
| 3 | 拼接前检查环节 | | |
| 4 | 拼接环节 | | |
| 5 | 叠层前检查环节 | | |
| 6 | 叠层环节 | | |
| 7 | 叠层后检查环节 | 输出电压： | |
| 8 | 外观检查环节 | | |
| 存在的问题及改进建议： |||| 
| | | 实训学员签字： | |
| | | 指导老师签字： | |

## 5.3 滴胶工艺

了解滴胶工艺的操作流程，采用滴胶工艺完成两个小型光伏组件的封装工作，此节可以太阳能手机充电器用的电池片进行实训。

### 5.3.1 滴胶工艺简介

在光伏组件的封装工艺中，2W以下太阳能电池板通常采用滴胶工艺进行封装。封装胶采用环氧树脂水晶滴胶，它由高纯度环氧树脂、固化剂及其他成分组成。其固化产物具有耐水、耐化学腐蚀、无色透明、透光率高、防尘、不易变质发黄的特点。滴胶工艺在小功率光伏组件封装中应用广泛，这种工艺还适用于金属、陶瓷、玻璃、有机玻璃等材料制作的工艺品表面装饰与保护。使用该工艺除了对工艺制品表面起到良好的保护作用外，还可增加其表面光泽与亮度，进一步增加表面装饰效果。小型光伏组件滴胶工艺流程如图5-8所示。

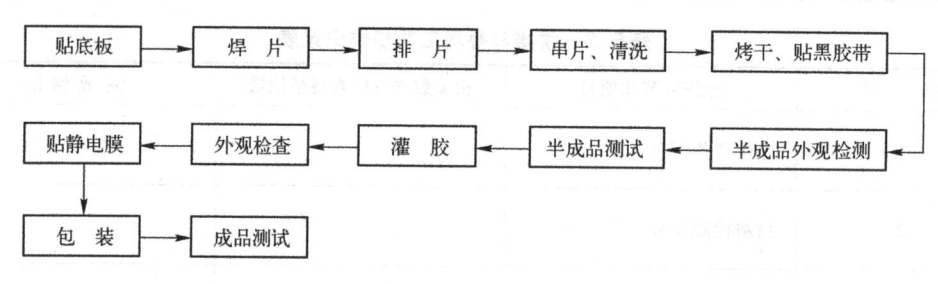

贴底板 → 焊片 → 排片 → 串片、清洗 → 烤干、贴黑胶带

贴静电膜 ← 外观检查 ← 灌胶 ← 半成品测试 ← 半成品外观检测

贴静电膜 → 包装 → 成品测试

图5-8 滴胶工艺流程图

### 5.3.2 物料清单

（1）已划片、焊接好焊带的50mm×20mm单晶硅太阳能电池片组件，1片。
（2）已划片、焊接好焊带的40mm×20mm多晶硅太阳能电池片组件，1片。

要求电池片无碎裂现象，每片大于$1mm^2$的缺角或者缺块不超过2个，每片细栅断线不超过1根，断线长度不超过1mm。

### 5.3.3 工具清单

（1）称量器具。天平秤或者电子秤，2台。
（2）调胶器具。广口平底杯，3个；圆玻璃棒或者圆木棒（直径10mm，长度260mm），2根。
（3）方形玻璃板（规格为600mm×355mm×5mm），50块载具分隔垫块，$\phi$14螺母（高12mm以上）若干颗。
（4）干燥设备。烘烤箱（内净深×宽×高=730mm×1200mm×1400mm），1台。
（5）液化气燃烧设备1套。

### 5.3.4 工艺要求

（1）天平秤（或电子秤）、烤箱、工作台面和作业载具等器具要放置水平，以免影响称量的准确性，同时可避免使刚滴上胶水的作业物发生溢胶。

（2）用天平称或电子秤称量胶水时须除去容器重量，以免称量不准。

（3）所用容器具须干燥、清洁、无尘，否则会影响胶水固化后的表面效果，导致波纹、水纹以及其他不良现象发生。

（4）胶水须按质量比称量准确，比例失调会导致胶水长时间不干或硬胶变软胶。

（5）胶水须搅拌均匀，否则胶水固化后表面会出现龟壳纹即树脂纹路，或者固化不完全。

（6）操作现场和工作环境必须通风流通，无灰尘、杂物，否则会影响胶体透明度或使胶水固化后表面出现杂质斑点。

（7）工作环境的空气相对湿度建议控制在50%以内，温度以23～25℃为宜。工作环境湿度过大会导致胶水表面被氧化成雾状或气泡状难以消除。温度过低或者过高都会影响胶水的固化和使用时间。

（8）滴过胶水的作业物要在集中区域待干，待干温度应该控制在28～40℃。

（9）如需加快速度，可以采用加温固化的方式，但须在集中待干区域待干90min以上才能进行加热，加热温度应该控制65℃以内，具体干燥时间要根据胶水本身来定。E—07AB和E—08AB型胶水在65℃温度下4h完全固化，常规操作采用28～35℃的温度下固化，时间在20h左右，这样可以最大限度地保证滴胶质量。

（10）胶桶开盖倒出胶水后，需马上盖好，避免与空气长时间接触导致胶水氧化结晶，常用的滴胶都是由环氧树脂双组分A/B胶和固化剂组成的。

### 5.3.5 配胶和环境

（1）配胶比例。按质量3:1配置，配胶量500g。

（2）配胶方法。将两种胶混合，搅拌均匀，静置或真空排气。

（3）固化条件。室温下20h或65℃下4h。

（4）滴胶条件。被滴物表面除尘除锈等杂物，室内湿度低于50%，操作时间小于30min。

### 5.3.6 太阳能电池片手动滴胶工艺

以下为手动滴胶工艺操作步骤，若有实训设备，可直接按步骤5.3.7进行。

（1）先将准备好的底材（太阳能电池片组件）放入60℃烘箱中预热处理，去除表面水蒸气。

（2）将去除水蒸气后的底材平放在水平放置的操作台板上等待滴注。

（3）根据用量，取一只清洁的烧杯，准确计量，将甲乙组分按质量比例混合搅拌均匀。确保混合均匀，否则会出现表面有黏性（粘手）和与底材脱层的现象。

（4）将配好的混合料置入真空干燥箱中，开启真空泵，在真空状态下脱除混合料中的气泡。

（5）取清洁干净的针管，将水晶胶吸入针管内，然后计量并均匀地滴注在预先准备好的底材表面，一般水晶胶层厚度为1.8mm，让其自然流平即可（操作过程控制在30min之内，以免胶液黏度增加，导致操作不便）。

（6）在滴胶后3～5min，观察胶面有无气泡或尘粒，如有小气泡，可用大头针将其刺破，如发现死角有水晶胶未流到的地方，用大头针引流即可。

（7）浇注好的组件，在20～30℃的温度下固化10～20h，最终达到表面光滑无黏性的状态（不粘手）。

（8）封装体积稍大的光伏组件时，可分两次滴胶，第一次滴胶后，固化2～3h，再滴加一层。

（9）滴胶后的清洗。无论手工滴胶，还是自动化滴胶，滴胶完成后机械、设备、容器都需清洗干净，因为胶水硬化后，很难采用溶剂消除，因此必须在它没有硬化前将机器、容器使用丙酮或无水乙醇清洗干净。

### 5.3.7　机械滴胶操作

（1）先将准备好的底材放入60℃烘箱中预热处理，去除表面水蒸气。

（2）将去除水蒸气后的底材平放在水平放置的操作台板上等待滴注。

（3）将胶水分别吸入滴胶机的两个真空储槽中，根据胶水的密度，算好胶水的体积比，然后设定好滴胶机的流量。（注：体积比与质量比不同，因为A、B胶的密度可能有差异）。

（4）保持A、B胶分别处于真空状态中，开启滴胶机，将A、B胶放入混合槽中，进行真空搅拌。

（5）将预先准备好的底材置于滴头之下，自动滴胶。一般胶层厚度为1.8mm，让其自然流平即可，以上过程控制在30min之内，以免胶液黏度增加，导致操作不便。

（6）在滴注胶水后3～5min，观察胶面有无气泡或尘粒，如有小气泡，可用大头针将其刺破，如发现死角有胶未流到的地方，用大头针引流即可。

（7）滴胶后的清洗。按5.3.6（9）中的步骤操作。

### 5.3.8　相应问题处理

（1）形成气泡。在滴完胶后，马上给予消泡处理。

（2）操作区上方起雾。应检查操作环境湿度是否控制在工艺要求范围内。

（3）产生油斑。胶水中不要混入杂质。

（4）成品斑纹。滴好胶后不可马上包装，要待经过彻底干燥处理后再包装。

### 5.3.9　数据记录

将以上操作的相关情况及数据记录在表5-4中，其中的1～7、10项为太阳能手机充电器的制作环节，实训时可根据实际情况选择。

表 5-4 滴胶工艺操作记录表

| 序 号 | 操作环节和项目 | 完成情况 | 备 注 |
|---|---|---|---|
| 1 | 贴底板 | | |
| 2 | 焊片 | | |
| 3 | 排片 | | |
| 4 | 串片、清洗 | | |
| 5 | 烤干、贴黑胶带 | | |
| 6 | 半成品外观检查 | | |
| 7 | 半成品测试 | | |
| 8 | 灌胶 | | |
| 9 | 外观检查 | | |
| 10 | 贴静电膜 | | |
| 11 | 包装和成品测试 | | |
| 存在的问题及改进建议： | | | |
| | | 实训学员签字： | |
| | | 指导老师签字： | |

# 项目评价

根据本章实训完成情况，对工作过程进行评价，评价表如表5-5所示。

表5-5 激光划片、叠层和滴胶工艺项目实训评价表

| 项目 | 指标 | 分值 | 自测（评） | 互测（评） | 师测（评） | 备注 |
|---|---|---|---|---|---|---|
| 任务完成情况 | 激光划片 | 10 | | | | |
| | 组件拼接 | 10 | | | | |
| | 组件叠层 | 10 | | | | |
| | 滴胶工艺 | 10 | | | | |
| 技能技巧 | 操作用时评价 | 10 | | | | |
| | 团队协作评价 | 10 | | | | |
| | 规范操作评价 | 10 | | | | |
| 职业素养 | 实训态度和纪律 | 10 | | | | 1. 按照6S管理要求规范摆放 2. 按照6S管理要求保持现场 |
| | 安全文明生产 | 10 | | | | |
| | 设备及工量具放置管理 | 10 | | | | |
| 合计分值 | | | | | | |
| 综合得分 | | | | | | |
| 指导教师评价 | 专业教师签字：_____　　　___年___月___日<br>实训指导教师签字：_____　　　___年___月___日 ||||||
| 自我评价小结 | 实训人员签字：_____　　　___年___月___日 ||||||

# 6 层压工艺

## 6.1 层压前组件串测试工艺

利用光伏组件测试仪对敷设后的光伏组件的电性能进行测试，根据电性能曲线分析光伏组件的性能。

### 6.1.1 测试工具和仪器

(1) 光伏组件测试仪，1台。
(2) 计算机软件 Sun cat 1 套。
(3) 测试工作台，1台。
(4) 条码扫描仪，1台。

### 6.1.2 准备工作

(1) 清洁测试仪的玻璃台面，检查连接线是否完好。
(2) 打开光伏组件测试仪电源开关。
(3) 打开计算机，进入 Windows XP 界面，在 E 盘建立名称为"测试数据"的文件夹。
(4) 打开测试软件的主程序"Sun cat"软件；在文件菜单选择"工作目录"，用鼠标单击，如图 6-1 所示。
(5) 出现如图 6-2 所示对话框，选中路径 E:\测试数据\；建立一个当天日期（月日数字）组成的新文件夹，然后选中，单击确定。

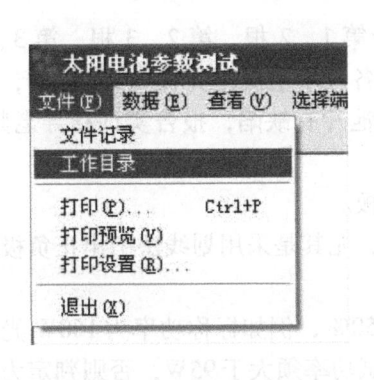

图 6-1 建立测试工作目录　　　图 6-2 打开工作目录

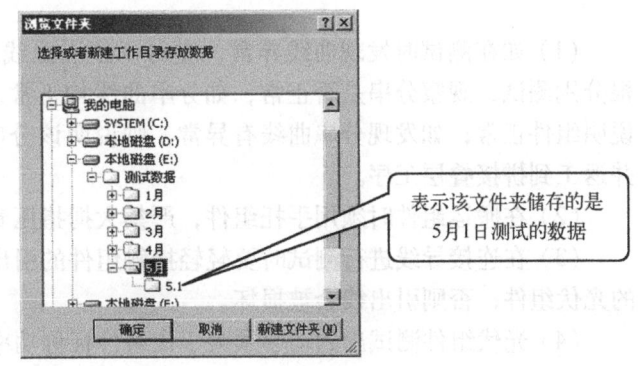

### 6.1.3 操作步骤

(1) 实训学生将敷设好的组件抬至检测架进行目检。

(2) 组件目检后，抬至测试仪上的搁板上，须注意电池片不能被搁板遮挡，电池片正面朝下。

(3) 测试实训学生站在面对玻璃短边引出线端，左手拿正极测试线，右手拿负极测试线，将测试仪正负极测试线对应接在光伏组件正负极引出线上，另一名实训学生单击"开始测试"；

(4) 计算机会自动弹出 $I-V$ 曲线与一个对话框；观察曲线是否有台阶或者不光滑现象，如没有，则用鼠标双击"序列号"后的文本，使其都变蓝，之后出现如图6-3所示对话框。

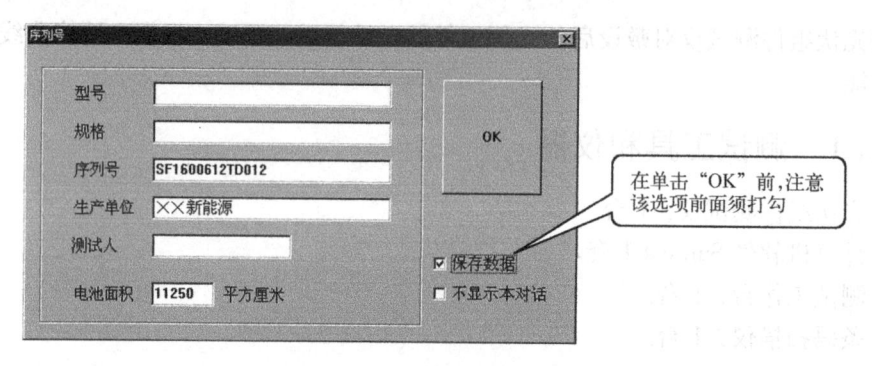

图6-3 操作界面对话框示意图

(5) 用条码扫描仪扫描光伏组件背板上的条码，听见"嘀"的一声，表示扫描成功。

(6) 单击图6-3所示的"OK"键，保存数据，在引出线靠近玻璃边处轻轻加盖"正常"章，表示已检测合格。

(7) 将合格的待层压组件按序装入待层压周转车。

(8) 重复步骤（1）～（7）完成测试动作，完成规定数量的光伏组件测试。

(9) 测试完毕，关闭测试仪，退出测试软件，关闭计算机，关掉电源总开关。

## 6.1.4 工艺要求

(1) 如在测试时发现曲线异常，应对4根引出线进行第1、2根，第2、3根，第3、4根分别测试，观察分串是否正常，如分串曲线均正常，且各分串电流差异在0.2A以内，则说明组件正常；如发现分串曲线有异常，则说明该分串电池片有缺陷，报告实训指导老师，并返工到拼接叠层工序。

(2) 在搬运组件时须用手托组件，严禁大拇指压着背板。

(3) 在连接导线进行测试时要轻轻接触组件的引出线，尤其是采用划线法引出正负极线的光伏组件；否则引出线会被损坏。

(4) 光伏组件测试出的功率须大于该组件标称功率的50%，例如标称功率为160W光伏组件测试功率须大于80W，标称功率为190W光伏组件测试功率须大于95W，否则判定为不合格，及时报告实训指导老师，并返工到拼接叠层工序。

(5) 160W光组件的空载电压 $V_{oc}$ 要大于40V，190W系列组件的空载电压 $V_{oc}$ 要大于30V；如果达不到这个数值，则对光伏组件进行检查，因为很有可能该光伏组件电池片的极性有反向连接的情况。

## 6.1.5 故障排查步骤

（1）在测试中若发现曲线异常，找出曲线异常的电池串。

（2）测试仪连接线一头接触曲线异常电池串的引出线，固定不动，另一头接触曲线异常电池串的另一端，然后按逐个电池片测试过去，直至曲线正常，此时可判定上一片电池片为异常电池片。

## 6.1.6 数据记录

将以上测试所得数据记录在表6-1中。

**表6-1 测试操作记录表**

| 测试次数 | 测试功率 | 空载电压 | 测试结论 |
|---|---|---|---|
| 1 | | | |
| 2 | | | |
| 3 | | | |
| 4 | | | |
| 5 | | | |
| 6 | | | |

存在的问题及改进建议：

实训学员签字：

指导老师签字：

## 6.2 半自动层压操作工艺

利用小型的半自动层压机将拼接叠层好的电池组件热压密封。

### 6.2.1 层压工艺简介

光伏组件层压机集真空技术、气压传动技术、PID（Proportion-Integration-Differentiation，比例-积分-微分）温度控制技术于一体，适应于单晶硅太阳能电池组件、多晶硅太阳能电池组件的层压生产，其外形结构如图6-4所示。各种类型的层压机工作原理都基本相同，在控制台触摸屏上可以设置层压温度、抽真空、层压和充气时间，控制方式有自动与手动两种。在对用EVA封装的太阳能电池进行层压时，一般设置温度为120～150℃，这个温度下EVA处于熔融状态。层压机有上室真空、上室充气、下室真空、下室充气等控制按钮；打开层压机的上盖，上盖内侧有一个橡胶气囊，上室的抽真空和充气就是通过这个气囊实现的；上盖与下腔之间有密封圈，上盖板与下腔之间形成一个密封室为下室。台面下面有两层耐高温的纤维布，纤维布下面是加热板。层压过程中，电池片与EVA、TPT、玻璃层叠后放入两层胶布之间，纤维布有减缓EVA升温的作用，减少气泡的产生，同时可以防止熔融后的EVA泄露至加热板。

图 6-4　小型半自动层压机

　　进行层压时，打开层压机，按下加热按钮，设定好工作温度；待加热板温度达到指定温度（可以从控制台触摸屏上观察数据）后，将层叠好的电池片放入层压机并合上盖子，然后进行下室抽真空。层叠好的太阳能电池片放置在两层玻璃布之间（属于下室部分）时，EVA 在层压机内开始受热，受热后的 EVA 处于熔融状态，EVA 与电池片、玻璃、TPT 之间的间隙中还存在空气，通过下室抽真空可以将这些间隙中的空气排除。如果抽真空时间和层压温度设置不当，在组件玻璃下面常会出现气泡，致使组件使用过程中，气泡受热膨胀而使 EVA 脱层，影响光伏组件的使用寿命、光电转换效率与外观。抽真空之后开始进行加压操作。在加压过程中，下室继续抽真空，上室充气，橡胶气囊构成的上室充气后体积膨胀（由于下室已抽真空）充满整个上下室之间，挤压放置在下室的电池片、EVA 等，熔融后的 EVA 在挤压和下室抽真空的作用下，流动充满玻璃、电池片、TPT 之间的间隙，同时排出中间的气泡。这样，玻璃、电池片、TPT 就通过 EVA 紧紧黏合在一起。前两个过程下室处于抽真空状态，大气压作用下，上盖受向下的压力。层压好后需要开盖将光伏组件取出，开盖时，先是下室充气，上室抽真空，使放置光伏组件的下腔气压与大气压平衡，再利用设置在上盖上的两个开盖支臂将上盖打开。将光伏组件取出后，可以进行下一个光伏组件的层压操作。

　　一般在正常的层压操作过程中，可以设定好层压温度及抽真空、层压、充气的时间，控制键拨到自动挡，开盖放入光伏组件，合盖后让其自动工作，层压好后会自动开盖，取出层压好的电池组件后可以进行下一工作循环。在设置工作温度，抽气层压时间时要视层压机情况、光伏组件大小而定；进口设备与国产设备有差异，一般层压机厂商会给用户提供一个经验参数，用户在使用过程中，逐步做些修正，确定一个最优值。

　　层压机使用过程中需要注意以下事项。

　　（1）层压机合盖时压力很大，切记下腔边框不得放置异物，以防造成意外伤害或设备损毁。

　　（2）开盖前必须检查下室充气是否完成，否则不能开盖，以免损坏设备。

　　（3）控制台上有紧急按钮，紧急情况下，整机断电。故障排除后，将紧急按钮复位。

　　（4）层压机若长时间未使用，开机后应空机运转几个循环，以便将吸附在腔体内的残余气体及水蒸气排除，保证层压质量。

## 6.2.2　工艺要求

（1）TPT无划痕、划伤，正反面要正确。
（2）光伏组件内无头发、纤维等异物，无气泡、碎片。
（3）光伏组件内部电池片无明显位移，间隙均匀，电池片间最小间距不得小于1mm。
（4）光伏组件背面无明显凸起或者凹陷；
（5）光伏组件汇流条之间间距不得小于2mm；
（6）EVA的交联度不能低于75%，每批EVA测量二次。

## 6.2.3　物料清单

叠层好的光伏组件、耐高温漆布（四氟布）。

## 6.2.4　设备及工具清单

实训中需用到的设备及工具有小型半自动层压机、美工刀、胶带、汗布绝热手套、医用手术手套。

## 6.2.5　工作准备

（1）工作时必须穿工作衣、工作鞋，戴工作帽，佩戴绝热手套。
（2）做好工艺卫生（包括层压机内部和高温布的清洁）。
（3）确认紧急按钮处于正常状态。
（4）检查循环水水位是否正常。

## 6.2.6　层压前检查

（1）光伏组件的正负极引出线长度不能过短（防止无法装入接线盒），不可弯折。
（2）TPT是否存在划痕、划伤、褶皱、凹坑，是否完全覆盖玻璃，正反面是否正确。
（3）EVA的正反面及其大小是否正确，有无破裂、污物等。
（4）玻璃的正反面是否正确，有无气泡、划伤等。
（5）光伏组件内是否存在锡渣、焊花、破片、缺角、头发、黑点、纤维、互联条或汇流条的残留等。
（6）隔离TPT是否到位、汇流条与互联条是否剪齐。
（7）检查电池片与电池片、电池片与玻璃边缘、电池串与电池串、电池片与汇流条、汇流条与汇流条、汇流条到玻璃边缘等的间距是否正常。

## 6.2.7　层压操作

（1）检查行程开关层压位置。
（2）开启层压机，并按照工艺要求设定相应的工艺参数，升温至设定温度，半自动层压机仪表指示盘如图6-5所示。
（3）走一个空循环，全程监视真空度参数变化是否正常，确认层压机真空度达到规定要求。
（4）试压时，先铺好一层纤维布，注意纤维布正面朝上，放置待层压光伏组件。

图6-5 半自动层压机仪表指示盘

（5）取下流转单，检查电流、电压值，察看组件中电池片、汇流条是否有明显位移，是否有异物，破片等其他不良现象，如有则退回上道工序。

（6）戴上手套从存放处搬运叠层完毕并检验合格的光伏组件，在搬运过程中手不得挤压电池片，以防止破片，要保持平稳，以防止光伏组件内电池片位移。

（7）将光伏组件玻璃面向下、引出线向左，平稳放入层压机中部，然后再盖一层高温纤维布（注意使纤维布正面紧贴光伏组件），进行层压操作。

（8）观察层压工作时的相关参数（温度、真空度及上、下室状态），尤其注意真空度是否正常，并将相关参数记录在表6-2中。

（9）待层压操作完成后，层压机上盖自动开启，取出组件。

（10）冷却后取下纤维布，并清洗纤维布。

（11）检查光伏组件是否符合工艺质量要求，冷却到一定程度后，进行修边。修边时，玻璃面向下，刀具倾斜约45°，注意保持刀具锋利，操作中应注意勿划伤背板边沿。

### 6.2.8 层压中观察

（1）打开层压机上盖，上室真空表显示为-0.1MPa、下室真空表显示为0.00MPa，确认温度、参数。

（2）光伏组件完全进入层压机内部后按"下降"按钮；此时上、下室真空表指示都要达到-0.1MPa（抽真空）（如发现异常按"急停"按钮，改手动将组件取出，排除故障后再试压一块组件），等待设定时间走完后上室充气（上室真空表显示0.00MPa）、下室真空表仍然保持-0.1MPa开始层压。层压时间完成后下室充气（下室真空表变为0.00MPa、上室真空表仍为0.00MPa），充气完成后开盖（上室真空表示数变为-0.1MPa、下室真空表示数不变），取出光伏组件；接着层压机自动返回至初始状态。

### 6.2.9 层压后观察

（1）TPT是否有划痕、划伤，是否完全覆盖玻璃、正反面是否正确、是否平整、有无褶皱、有无凹凸现象出现。

（2）光伏组件内是否存在锡渣、焊花、破片、缺角、头发、纤维等。

（3）隔离TPT是否到位、汇流条与互联条是否剪齐。

（4）电池片与电池片、电池片与玻璃边缘、电池串与电池串、电池片与汇流条、汇流条与汇流条、汇流条到玻璃边缘等的间距是否移位。

（5）色差、焊点熔化现象是否严重。

（6）互联条是否有发黄现象，汇流条是否移位。

(7) 光伏组件内是否存在真空泡。

(8) 是否有导体异物搭接于两串电池片之间造成短路。

## 6.2.10 注意事项

(1) 层压机由专人操作，其他实训人员不得随意操作。

(2) 修边时注意安全。

(3) 玻璃纤维布上无残留 EVA、杂质等。

(4) 钢化玻璃四角易碎，抬放时须小心保护。

(5) 摆放光伏组件时，应平拿平放，手指不得按压电池片。

(6) 放入光伏组件后，迅速层压，开盖后迅速取出。

(7) 检查冷却水位、行程开关和真空泵是否正常。

(8) 区别运行状态和控制状态，防止误操作。

(9) 出现异常情况按"急停"按钮后退出，排除故障后，首先恢复下室真空。

(10) 下室充气速度设定后，不可随意改动，经设备主管同意后方可改动，并相应调整下室充气时间，层压参数不得随意改动。

(11) 上室橡胶气囊属贵重易耗品，进料前应仔细检查，避免利器、铁器等物混入，划伤橡胶。

(12) 开盖前必须检查下室充气是否完成，否则不允许开盖，以免损伤设备。

(13) 更改参数后必须走空循环一次，试压一块组件。

## 6.2.12 数据记录

将以上操作的相关参数记录在表 6-2 中。

表 6-2　层压操作参数记录表

| 序　号 | 项　目 | 参　数 | 备　注 |
|---|---|---|---|
| 1 | 基本设定温度（℃） | | |
| 2 | 起压温度（℃） | | |
| 3 | 抽真空时间（min） | | |
| 4 | 充气时间（min） | | |
| 5 | 层压时间（min） | | |
| 6 | 机内冷却时间（min） | | |
| 7 | 机外冷却时间（min） | | |
| 8 | 层压上下室真空表压强（MPa） | | |
| 9 | 组件质量检测 | | |
| 存在的问题及改进建议： | | | |
| | | 实训学员签字： | |
| | | 指导老师签字： | |

## 6.3 全自动层压操作工艺

利用大型的全自动层压机将拼接好的光伏组件热压密封。

### 6.3.1 工艺要求

(1) 组件内单片无碎裂、无明显移位。
(2) 层压作业前，必须让层压机自动运行几个空循环，以清除腔体内残留气体。
(3) 放入铺好的叠层光伏组件时，要迅速进入层压状态。
(4) 开盖后，迅速拿出层压完的组件。
(5) 组件内电池片无杂物、碎片、裂纹，组件内 0.5～1mm$^2$ 气泡不超过 3 个，1～1.5mm$^2$ 气泡不超过 1 个。

### 6.3.2 物料清单

叠层检验好的光伏组件、无水乙醇。

### 6.3.3 设备及工具清单

实训中所需设备及工具有全自动光伏组件层压机、组件操作台、高温纤维布（上、下两层）、美工刀。

### 6.3.4 工作准备

(1) 穿好工作衣和工作鞋，戴好工作帽和手套。
(2) 清理工作区域地面、工作台面卫生，用纤维布擦拭层压机外表面，使其表面干净整洁，工具摆放有条不紊。

### 6.3.5 作业前检查

(1) 检查叠层好的光伏组件进入层压机前是否完全被纤维布遮盖。
(2) 检查温度是否已达设定值，若温度已达到，检查真空泵开关是否已打开。

### 6.3.6 层压操作

(1) 打开真空阀门，调节空气压力到 0.1MPa，用空气调节器调节空气压力。
(2) 层压机触摸屏启动界面如图 6-6 所示。旋转主电源开关至开位置，检查电源灯（Power Lamp 1）是否亮起；然后转动主电源开关钥匙至开位置，检查电源灯（Power Lamp 2）是否亮起，观察触摸显示屏（POD 屏）是否打开。输入操作密码进入操作界面，如图6-7 所示。层压机状态监视界面如图6-8 所示，层压机主界面如 6-9 所示。
(3) 在工艺参数选项中，设置好相应参数，如图 6-11 所示。设定层压温度为 140℃，抽真空时间为 8min，层压时间为 3min。
(4) 按下准备（READY）键使机器进入预备启动状态，并按住 2 个启动（START）键直到操作准备完成。

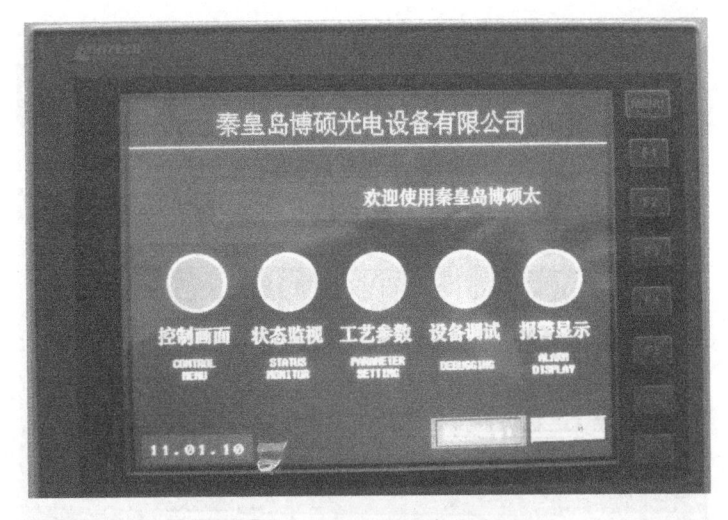

图6-6 层压机触摸屏启动界面

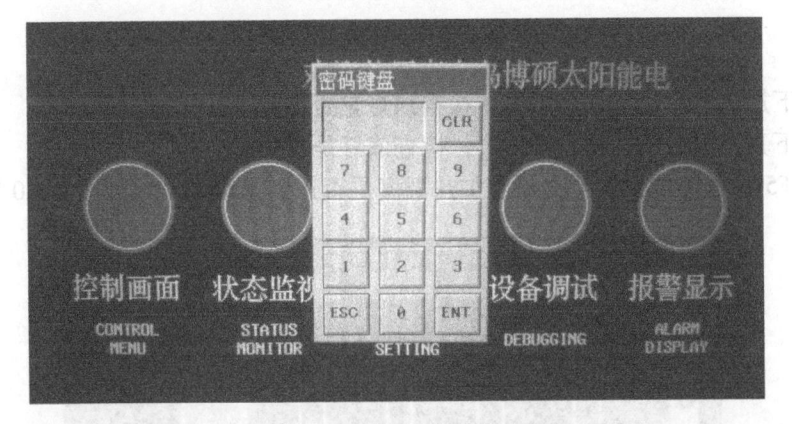

图6-7 输入密码界面

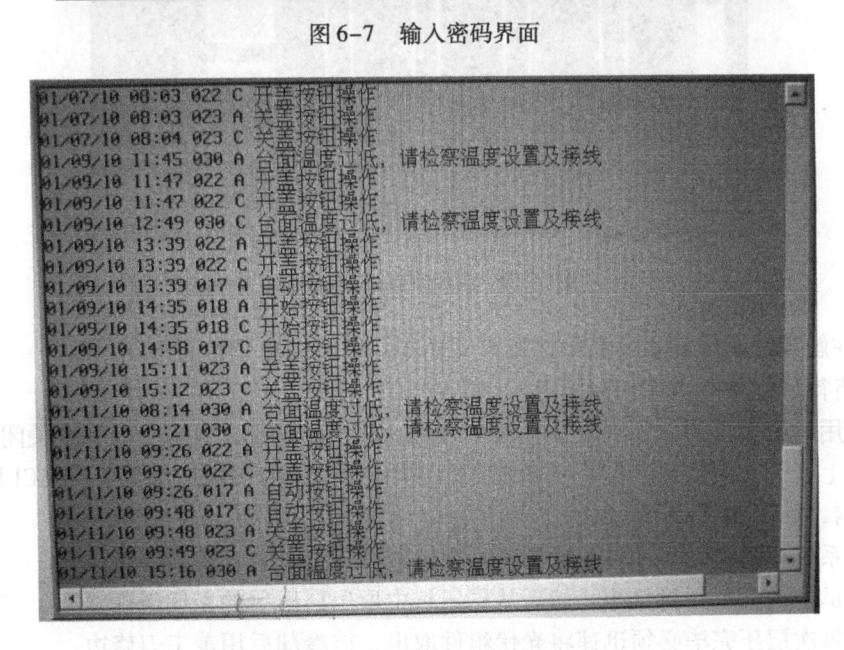

图6-8 层压机状态监视界面

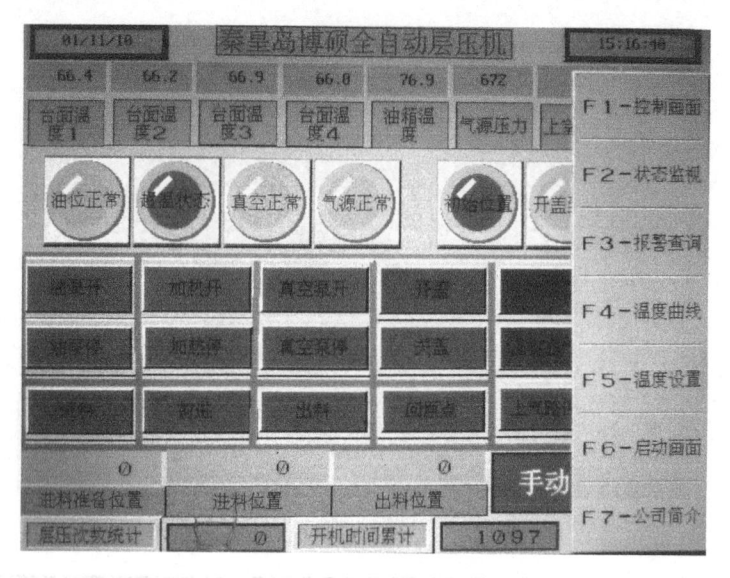

图 6-9 层压机主界面

(5) 按下加热器启动键（PBLZ），检查该灯是否亮起。
(6) 按下真空泵启动按钮（PBL1），检查该灯是否亮起。
(7) 按 F5 进入温度设置界面检查加热温度是否达到预设温度，如图 6-10 所示。

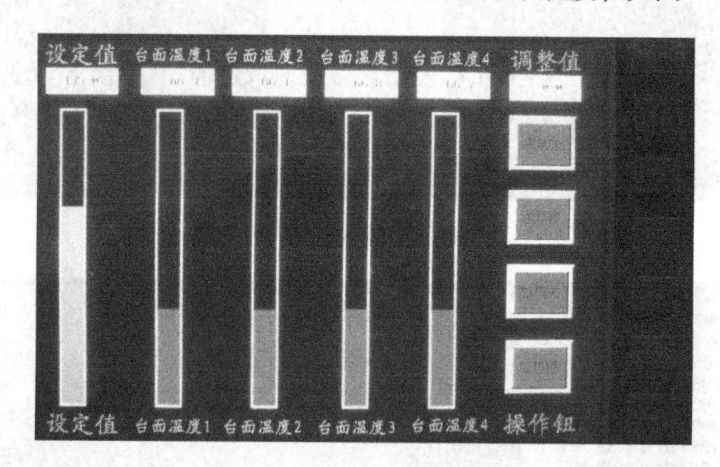

图 6-10 层压机温度控制界面

(8) 在触摸显示屏的主界面中选择自动操作，然后选择开始运行。
(9) 将待压组件平放在加热板上。
(10) 用两个大拇指分别同时按下两个启动（START）键，直到上仓完全关闭。
(11) 上仓完全关闭后，抽真空系统工序开始运行。观察抽真空时间（VACUUM TIME）运行指示器，如图 6-11 所示。
(12) 系统启动自动操作，自动操作程序完成时，上仓自动开启；
(13) 迅速揭开层压衬垫布，然后从层压机中取出层压后的光伏组件。
(14) 每次层压完毕必须迅速将光伏组件取出，待冷却后用美工刀修边。

图 6-11　层压机报警查询及工艺参数控制界面

## 6.3.7　作业中检查

（1）上室或下室处于真空状态时，检查真空表是否达到 99.0kPa 以上，充气状态时真空表示数是否接近 0。

（2）观察如图 6-9 所示的层压机主界面，当出现异常情况时，检查报警原因，通过紧急开盖处理故障。

## 6.3.8　关机

（1）按下真空泵关闭键（VACUUM PUMP OFF）关闭真空泵，检查指示灯是否已熄灭。
（2）按下加热器关闭键（HEATER OFF）关闭加热器，检查指示灯是否已灭。
（3）在触摸显示屏的主界面中选择"关闭"。
（4）等候 30min 后，同时持续按下 2 个启动（START）键不放开，合上上仓盖，留下 15°缝隙为止，关掉主电源开关，检查主电源指示灯是否已熄灭。
（5）关闭总电源开关。

## 6.3.9　质量检查

（1）检查组件是否有气泡。
（2）检查组件表面有无异物、裂片、缺角。
（3）检查组件串间距离是否均匀一致，检查片间距是否均匀一致。
（4）检查互联条、汇流条是否弯曲，表面是否有锡渣、焊锡渣。
（5）检查 TPT 上是否存在 EVA 及杂质，如存在可用酒精清除。

(6) 检查合格后，将相关的操作数据记录在表6-3中。

### 6.3.10　注意事项

(1) 严禁与机器无关的人员靠近机器。
(2) 在运行时严禁将头、手或身体的任何部分伸入危险区。
(3) 维修保养前确保关闭机器。
(4) 层压机内部温度很高，在拿取光伏组件时切记要戴好隔热手套，避免被烫伤。
(5) 加热面积必须大于光伏组件面积。
(6) 保持层压机内干净。
(7) 层压前组件放置在层压机内时间应尽量短，一般小于30s。
(8) 真空泵停止工作后，最少等3h再检查。
(9) 修边时用的美工刀非常锋利，应小心使用避免划伤自己及他人，避免划伤TPT表面。
(10) 光伏组件要轻轻放入层压机内，保证放入后光伏组件的电池片与TPT、EVA不能移位。

### 6.3.11　数据记录

表6-3　全自动层压操作参数记录表

| 序 号 | 项 目 | 参 数 | 备 注 |
|---|---|---|---|
| 1 | 基本设定温度（℃） | | |
| 2 | 起压温度（℃） | | |
| 3 | 真空时间（min） | | |
| 4 | 充气时间（min） | | |
| 5 | 层压时间（min） | | |
| 6 | 机内冷却时间（min） | | |
| 7 | 机外冷却时间（min） | | |
| 8 | 层压上下室真空表压强（MPa） | | |
| 9 | 组件质量检测 | | |

存在的问题及改进建议：

实训学员签字：

指导老师签字：

## 6.4 YG—Y—Z 型全自动层压机介绍

### 6.4.1 产品结构

（1）60mm 厚板中孔板面，双面铣磨加工。触摸屏可转向，结构紧凑，操作方便。

（2）主体结构。层压机由上料台、层压台、出料台、加热系统、控制系统等组成，可实现全自动入料、层压、出料和手动实现人工入料、层压、出料作业功能。其产品实物如图 6-12 所示。

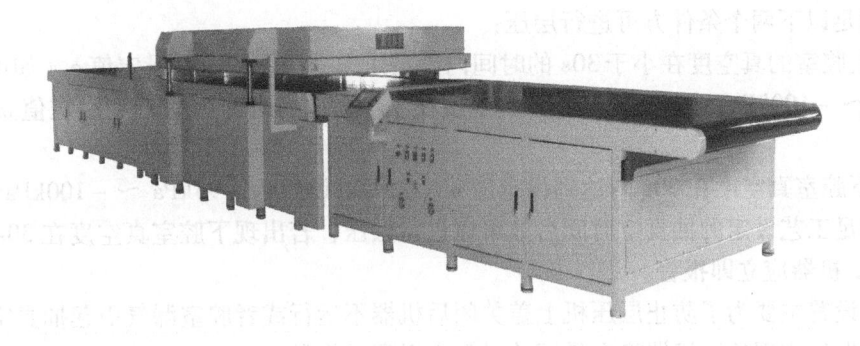

图 6-12 YG—Y—Z 全自动层压机

（3）上法兰结构。随机附带上法兰固定连接块，可以方便地将上法兰固定在相应的安装位置，使橡胶气囊更换更加方便。

（4）密封胶圈上置，延长使用寿命。

（5）四个液压平衡升降结构，使得上室开合动作更加平稳，安全无污染、无泄露，清洁卫生，无噪声。

（6）胶板防褶皱结构，延长胶板使用寿命。

（7）层压机专用真空阀设计，工作可靠、寿命长，维护简便，保证设备的高真空度。

（8）链条传动结构传动平稳，步进精确，噪声低。

（9）配有高温布，防止 EVA 污染硅胶板。

（10）采用精加工厚钢板做加热平台结构，此平台下部为全封闭的油路循环系统，保证了光伏组件封装的温度均匀性、可控性的要求。

### 6.4.2 主要技术指标

（1）操作控制方式。手动/全自动（手动方式工作时能实现人工入料，人工层压作业、人工出料作业功能）。

（2）加热方式。热板采用循环导热油进行加热。

（3）温控方式：PID 智能温度控制。

（4）有效工作面积（加热板尺寸）：3600mm×2200mm。

（5）工作区温度均匀性：温度差控制在 ±1.5℃ 以下。

(6) 温控精度：不大于 ±1℃。

(7) 温控范围：30～180℃；使用温度范围为室温至180℃。

(8) 抽真空速率：70L/s。在密封良好的状态下，下腔室真空度在2min内可达到200～20Pa。

(9) 层压时间：2～4min（不含固化时间）。

(10) 作业真空度：200～20Pa。

(11) 抽真空时间：4～6min。

(12) 开盖高度：50cm。

(13) 使用环境温度为0～50℃，相对湿度小于90%，海拔高度小于2000m。

(14) 上、下腔室分别用两台压力变送器（负压显示）进行压力检测；层压机在层压过程中需满足以下两个条件方可进行层压：

1）上腔室的真空度在小于30s的时间内满足压力变送器的压强设定值 $a$（如可以设定为 $-95kPa \sim -100kPa$）；若出现上腔室真空度在小于30s的时间内达不到设定值 $a$，机器立即报警；

2）下腔室真空度在30s内达到设定值 $a$（如可以设定为 $-95kPa \sim -100kPa$）；并且机器运行满足工艺设定的抽真空时间后才可以进行层压；若出现下腔室真空度在30s内达不到设定值 $a$，机器应立即报警。

以上设置主要为了防止层压机上盖关闭后机器不运行或者腔室漏气引起抽真空不良等现象。一旦发生该现象，机器将在最短的时间内提醒操作员工。

(15) 层压机在下腔室充气及开盖时需满足以下两个条件：

1）上腔室真空度从上腔室抽气开始的30s内要达到压力变送器的设定值 $a$；若达不到则进行报警；理论上可以判定层压皮是否破损；

2）下腔室真空度小于设定值 $b$（如可以设定为 $-5kPa \sim -10kPa$）。

(16) 层压机满足计算机内部已经设置好的充气时间才可以开启上盖。若充气时间到达设定值，但下腔室真空度仍然没有小于设定值 $b$，此时机器要报警，层压皮破损或充气阀堵塞、损坏等异常均会引起该现象。这种设置主要是为了确保下腔室充气到常压状态时，上盖才可正常开启。

(17) 其他。外形尺寸为 13 500mm × 2900mm × 1360mm；电源为 AC 380V 三相四线电源；层压面积为 3600mm × 2200mm；设备重量18t，需要的冷却水路流量 2L/min，设备总功率 65kW。

### 6.4.3 产品安全性能

(1) 设置液压安全锁，设备意外掉电或开盖到位时上盖将自动锁止于现行位置，不会坠落。确保操作人员的安全。

(2) 设置紧急按钮开关，出现意外情况时按下，层压机切断总电源，上盖将保持原位不动。保证解除意外情况和进行处理。

(3) 报警系统。设置超温报警、缺油报警、上真空报警、下真空报警，低温报警，开盖负压报警，工作障碍报警等报警装置，以确保工作状态的准确与正常安全可靠，提高成品率。

(4) 设有紧急开盖装置，在意外掉电时可打开层压机上盖，取出光伏组件，进行再处理。解决了长期因意外掉电而无法将光伏组件进行及时处理而废掉的问题。

(5) 生产过程中，出现紧急情况选择触摸屏上操作方式钮后，可顺利转到手动方式开启层压机上盖，取出其中的光伏组件。

(6) 设备控制电路完全采用低压控制，便于维修人员带电维修，并提高了安全系数。

(7) 设备周围采用安全光栅及检测光伏组件的光电开关，提高了员工的操作安全性并降低了设备的故障率。

(8) 开盖到位后，液压管路自动锁闭，防止上盖回落。

### 6.4.4 产品特色

(1) 智能化温度控制系统，使得温度更加均匀，更加易于对温度进行设定与控制。

(2) 层压压力可调，且可以根据工艺调压，使得组件的质量更加优良。

(3) 可连续24h高温工作。

(4) 先进的触摸屏操作平台，使得操作更加直观、易懂。反应更加迅速，性能更加稳定，故障率进一步降低。

(5) 采用完全人性化的系统操作流程，整台设备配备有多处检测开关，在正常的生产工作中，操作人员仅需将光伏组件放在加热平台上，按动合盖开关即可，此设备将自动进行层压、固化，自动开盖，等待操作员进行下一工序的处理。

(6) 三级联动结构紧凑，输入、输出采用带式结构，保证了待压组件的平稳性要求。

### 6.4.5 其他说明

(1) 可进行一次性层压、固化，也可进行二次层压、固化。设备生产组件兼容性能强。

(2) 适用于普通工业环境和实验室环境。可全天候24h连续作业。

(3) 应用环境。适用于普通工业环境和实验室环境，环境海拔高度小于2000m。

(4) 表6-4列出了部分半自动层压机的性能参数。表6-5列出了部分全自动层压机的性能参数。

表6-4 典型半自动层压机机型列表

| 参数型号 | 层压面积（m²） | 外形尺寸（m³） | 设备重量（t） | 功率（kW） | 年产能（MW） |
| --- | --- | --- | --- | --- | --- |
| BSL1122OB（OC） | 1.1×2.2 | 2.48×1.57×1.2 | 2.6 | 15 | 2.4~4.0 |
| BSL1822OB（OC） | 1.8×2.2 | 2.48×2.3×1.29 | 4 | 15 | 4.8~5.0 |
| BSL2222OB（OC） | 2.2×2.2 | 2.48×2.7×1.29 | 5 | 20 | 4.8~7.9 |
| BSL2224OB（OC） | 2.2×2.4 | 2.68×2.7×1.27 | 5.8 | 20 | 4.8~7.9 |

表6-5 典型全自动层压机机型列表

| 机器编号 | 基本设定温度（℃） | 起压温度（℃） | 抽真空时间（min） | 充气时间（s） | 层压时间（min） | 机内冷却时间（min） | 机外冷却时间（min） |
| --- | --- | --- | --- | --- | --- | --- | --- |
| CY-1（奥瑞特） | 150 | 130 | 6 | 20 | 22 | 5 | 5 |
| CY-2（博硕） | 154 | 115 | 7 | 50 | 21 | 5 | 5 |

## 项目评价

根据本章实训完成情况，对工作过程进行评价，评价表如表6-6所示。

表6-6 层压工艺项目实训评价表

| 项目 | 指标 | 分值 | 评价方式 自测（评） | 评价方式 互测（评） | 评价方式 师测（评） | 备注 |
|---|---|---|---|---|---|---|
| 任务完成情况 | 层压前检测 | 10 | | | | |
| 任务完成情况 | 半自动层压操作 | 10 | | | | |
| 任务完成情况 | 全自动层压操作 | 10 | | | | |
| 任务完成情况 | 光伏组件修边操作 | 10 | | | | |
| 技能技巧 | 操作用时评价 | 10 | | | | |
| 技能技巧 | 团队协作评价 | 10 | | | | |
| 技能技巧 | 规范操作评价 | 10 | | | | |
| 职业素养 | 实训态度和纪律 | 10 | | | | 1. 按照6S管理要求规范摆放 2. 按照6S管理要求保持现场 |
| 职业素养 | 安全文明生产 | 10 | | | | |
| 职业素养 | 工量具定置管理 | 10 | | | | |
| 合计分值 | | | | | | |
| 综合得分 | | | | | | |
| 指导教师评价 | 专业教师签字：_____　　　___年___月___日<br>实训指导教师签字：_____　　　___年___月___日 | | | | | |
| 自我评价小结 | 实训人员签字：_____　　　___年___月___日 | | | | | |

# 7 固化、装框与清洗

## 7.1 光伏组件的固化

光伏组件需通过烘箱进行二次固化，以确保其EVA具有良好的交联度和剥离强度。

### 7.1.1 EVA固化工艺简介

从层压机取出的光伏组件，在长时间的使用过程中，如果未经固化，EVA容易与TPT、玻璃脱层。为确保质量应再次进入烘箱固化。根据EVA的种类，烘箱固化分两种方式进行。对于快速固化型EVA，设置烘箱温度为135℃，待升到设置温度后，将层压好的光伏组件放入烘箱固化15min；对于常规固化型EVA，设置烘箱温度为145℃，待升到设置温度后，将层压好的光伏组件放入固化30min。

另外，也可以在层压机内直接固化，具体操作方法如下所述。

（1）快速固化型EVA。层压机温度设置为100～120℃，放入光伏组件，抽真空3～5min，加压4～10min（层压的光伏组件较小时，时间可以稍短些），同时升温到135℃，恒温固化15min，层压机下室充气上室抽真空30s，开盖取出光伏组件冷却即可。

（2）常规固化型EVA。层压机温度设置为100～120℃，放入光伏组件，抽真空3～5min，加压4～10min（层压的光伏组件较小时，时间可以稍短些），同时升温到145～150℃，恒温固化30min，层压机下室充气上室抽真空30s，开盖取出光伏组件冷却。

（3）层压机温度设置为135～140℃，放入光伏组件，抽真空3～5min，加压4～10min，恒温135～140℃，固化15min，再取出冷却即可。

目前，企业实际生产中大部分采用在烘箱中快速固化EVA。这种固化方法效果好，速度快，可以节约层压机的使用时间。在光伏组件制造过程中，厂家经常需要测定EVA的凝胶含量来分析EVA的固化程度，以达到控制封装质量的目的，当EVA凝胶含量达到65%以上时，可以认为固化已基本完成，达到了组件的质量要求。

烘箱通过与温度传感器连接的数字显示仪表来控制温度，采用热风循环送风方式，热风循环系统分为水平式和垂直式。风源是由送风马达运转带动风轮经由电热器，将热风送至风道后进入烘箱工作室的，使用后的空气由风轮吸入风道成为风源再度循环加热利用，这样有效提高了温度的均匀性。

烘箱按额定温度一般可分为以下四种。低温烘箱的温度为100℃以下，一般用于电气产品老化实验，普通物品的缓速干燥，部分食品原料、塑料等产品的干燥。常温烘箱的温度为100～250℃，这是最常见的使用温度，用于大多数物品的水分干燥、涂层固化、加温、加热、保温等。高温烘箱的温度为250～400℃，高温干燥特种材料、工件加温安装、材料高温试验、化工原料的反应处理等。超高温烘箱的温度为400～600℃，用于高温干燥特种材料、工件加温热处理、材料高温试验等。在光伏组件加工工艺中，一般选用常温型烘箱，其实物如图7-1所示。

图7-1 常温型烘箱

烘箱送风方式分为水平送风和垂直送风。水平送风烘箱适用于需放置在托盘中烘烤的物品；水平送风的热风是由烘箱室两边送出的，烘烤效果很好。相反，放置在托盘中烘烤的物品用垂直送风是很不适宜的，这是由于垂直送风的热风是由上而下送出的，托盘会把热风挡住，从而热风穿透不到下面的物品，相应烘烤效果较差。垂直送风烘箱适用于烘烤放置在网架上的物品，空气上下流通性很好。

### 7.1.2 工艺要求

（1）要求烘箱的温度均匀性应达到±1℃。
（2）固化温度为150℃，时间为25min。

### 7.1.3 物料清单

层压完成的光伏组件4块。

### 7.1.4 设备及工具清单

实训中所需设备及工具有烘箱、工具台、预装台、平锉刀和橡皮锤。

### 7.1.5 工作准备

（1）穿好工作衣和工作鞋，戴好工作帽和手套。
（2）清洁工作台面、清理工作区域地面，做好工艺卫生，工具摆放整齐有序。

### 7.1.6 产品检验

（1）对经过前道工序加工过的光伏组件进行检验，组件内应无杂物，电池片无碎片、裂纹。

(2) 光伏组件内截面面积为 0.5～1mm² 气泡不超过 3 个，截面面积为 1～1.5mm² 气泡不超过 1 个。

(3) 检查 TPT 和 EVA 是否完全覆盖住了钢化玻璃，TPT 和钢化玻璃表面有无划伤。

### 7.1.7 固化操作过程

(1) 打开电源，设定工作温度。
(2) 根据 EVA 性质设定不同的固化时间。
(3) 启动烘箱加热开关。
(4) 烘箱内温度达到设定值后方可将层压好的光伏组件放入烘箱中进行固化。
(5) 固化完成后关闭加热系统，打开烘箱门，取出组件后立即关闭烘箱门，以保证烘箱内的温度。

### 7.1.8 对固化后光伏组件进行自检

(1) 检查是否有碎片，有则立即返修。
(2) 固化后光伏组件内不能出现新的气泡。
(3) 检查光伏组件边缘是否有气泡，若存在应及时用工具把气泡沿边缘方向向外挤出。
(4) 对符合要求的光伏组件进行标记；不符合要求的立即返修。

### 7.1.9 注意事项

(1) 烘箱内温度很高，拿取组件时一定要戴好隔热手套，避免被烫伤。
(2) 光伏组件放入烘箱固化时不能碰触烘箱四壁。应轻拿轻放，以免碰坏组件。
(3) 除技术人员、工艺人员和烘箱负责人外，其他人员严禁更改烘箱运行参数。
(4) 固化操作人员在请示固化负责人并获得批准后可以在允许范围内修改。

### 7.1.10 数据记录

将固化操作过程中的数据填写在表 7-1 中。

表 7-1　固化操作记录表

| 组件序号 | 烘箱设定温度（℃） | 设定时间（min） | 组件二次固化结论 | 备　注 |
| --- | --- | --- | --- | --- |
| 1 | | | | |
| 2 | | | | |
| 3 | | | | |
| 4 | | | | |
| 存在的问题及改进建议： | | | | |
| | | | 实训学员签字： | |
| | | | 指导教师签字： | |

## 7.2 光伏组件装框

将固化好的光伏组件用铝合金及硅胶等材料进行装框操作。

### 7.2.1 装框工艺简介

**1. 全自动装框机**

全自动装框机是太阳能光伏组件加工的专用设备，主要用于对光伏组件进行角码铆接式铝合金矩形边框装框，还可用于有螺钉与无螺钉铝合金边框的组框。其主体结构由气缸、直线导轨及钢结构机架组成，可以实现光伏组件层压完毕后的铝合金边框固定操作，从而简化了的作业难度，节约时间，提高了产品的质量。组框的外形尺寸可在设定的范围内进行调节，通过锁紧定位齿条及气缸进行精度微调，满足不同组框尺寸的要求。常用全自动装框机如图7-2所示，其技术参数如下。

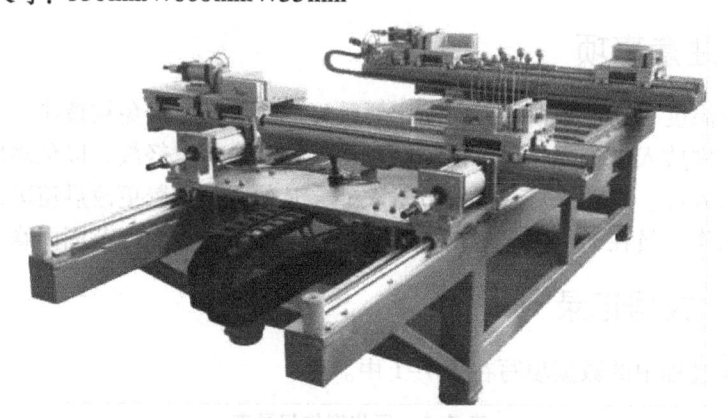

电源：220VAC　　气压：0.6～0.8MPa

最大组框尺寸：1150mm×2100mm×50mm

最小组框尺寸：350mm×600mm×35mm

图7-2 全自动装框机示意图

**2. 手动胶枪的使用**

手动胶枪是一种涂覆或填注硅胶或玻璃胶的辅助工具。使用时，先用大拇指压住胶枪后端扣环，往后拉带弯钩的钢丝，尽量拉到位。把硅胶头部（带尖嘴头）放入胶枪，使前面露出胶嘴部分，再将整支塞进去，放松大拇指部分，完成硅胶的安装工作。然后通过挤压就可进行硅胶涂覆、填注操作。

**3. 手锤的使用**

手锤是用来敲击的工具，分为金属和非金属两种。常用金属手锤有钢锤和铜锤两种；常用非金属手锤有塑胶锤、橡胶锤、木锤等。手锤的规格是以锤头的质量来表示的，如0.5kg、1kg等。在光伏组件加工过程中，一般选用1kg的橡胶手锤。手锤使用时需注意以下几项。

（1）精制工件表面或硬化处理后的工件表面，应使用软面锤，以避免损伤工件表面。

（2）手锤使用前应仔细检查锤头与锤柄连接是否可靠，以免使用时锤头与锤柄脱离，造成意外事故。

（3）手锤锤头边缘若有毛边，应先磨除，以免破裂时造成工件及人员伤害。使用手锤时应根据工作性质，合理选择手锤的材质、规格和形状。

### 7.2.2 工艺要求

（1）玻璃与铝合金以及接线盒底部的交接处硅胶应均匀溢出，无可视缝隙；

（2）凹槽硅胶量占凹槽总容积的50%，硅胶与凹槽两内壁的接触形式如图7-3所示。

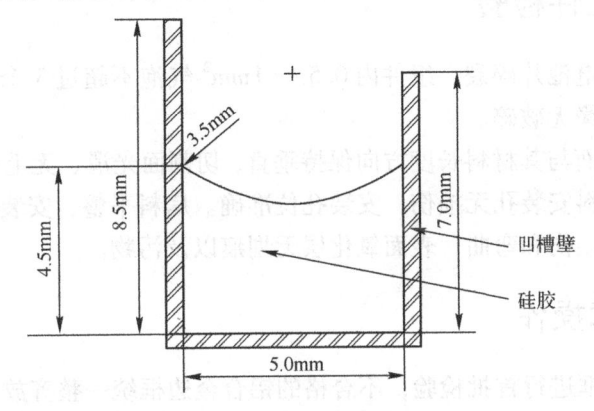

图7-3 硅胶接触凹槽壁示意图

（3）准备进行装框的铝合金边框一次涂覆硅胶最多不超过15副，并须及时装框，不得久置而出现硅胶表面固化现象，停止装框时不能剩有未用的已涂覆硅胶边框。

（4）短边框以不多于5件为一组整齐堆放，长边框以不多于10件为一组整齐叠放。

（5）待装框光伏组件叠放不超过20块。

（6）装框后的组件两个对角线长度相差应小于±4mm。

（7）背面补胶不多于50ml/块，接线盒黏结用胶约22ml/块。

（8）铝合金边框角缝隙不超过0.3mm，正面高低不超过0.5mm。

（9）整个装框过程中不得损坏铝合金边框的钝化膜。

（10）装框后的光伏组件交错堆放整齐，保持通风，以20块组件为一组堆放。

（11）一次打开的硅胶不超过3筒/人（包括正在使用的），并要及时用完，硅胶筒口若有结皮，去掉结皮再用，在工作完成时不能剩有打开未用的硅胶筒。硅胶空筒和尚未启用的硅胶筒注意严格区分。

（12）外框安装平整、挺直、无划伤。

（13）光伏组件内电池片与边框间距相等。

（14）铝边框与硅胶结合处无可视缝隙，光伏组件与框架连接处必须用硅胶填注密封。

### 7.2.3 物料清单

固化好的光伏组件3块、铝合金边框、自攻螺丝、1527硅胶、气动胶枪、酒精、擦胶纸。

### 7.2.4 设备及工具清单

实训中用到的设备及工具有自动装框机、气动胶枪、橡胶锤、剪刀、镊子、抹布、小一字螺丝刀、卷尺、角尺、工具台、预装台、平锉刀等。

### 7.2.5 工作准备

（1）穿好工作衣和工作鞋，戴好工作帽和手套。
（2）清洁工作台面，清理工作区域地面，做好工艺卫生，工具摆放整齐有序。

### 7.2.6 加工件检验

（1）光伏组件无电池片碎裂，组件内 $0.5\sim1mm^2$ 气泡不超过 3 个，$1\sim1.5\ mm^2$ 气泡不超过 1 个，玻璃边缘无破碎。
（2）铝合金切割面与其材料长度方向保持垂直，切割面光滑、无毛刺。
（3）三角铝型材料安装孔无损伤，安装孔位准确。扁料平整，安装孔位准确。
（4）铝型材料无损伤和弯曲，表面氧化层无划痕以及污物。

### 7.2.7 装框操作

（1）对铝合金边框进行首批检验，不合格的铝合金边框统一整齐放置在铝合金存放架的最下层，并标明不合格原因。
（2）检查凹槽内有无异物，在合格、洁净的铝合金的凹槽内用气压枪均匀地涂覆上适量的硅胶。硅胶筒喷嘴使用前在适当位置切一个和喷嘴成约 45°的斜口，如图 7-4 所示。气动胶枪实物如图 7-5 所示，涂覆硅胶时使斜口对准凹槽，右手紧握住气压枪柄，并向右倾斜约 45°，涂覆硅胶速度均匀。

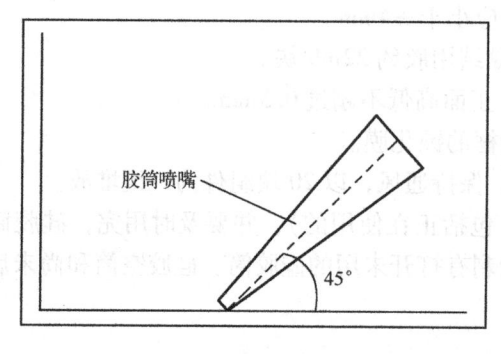

图 7-4　硅胶筒喷嘴 45°角斜截面示意图　　　　图 7-5　气动胶枪

（3）装框前对组件进行外观检查，如修边不彻底，用美工刀修掉，把合格的组件背板向上轻轻地放在装框机上。
（4）去掉固定汇流条的胶带，并向前撸直，先装长边，把一涂覆好硅胶的长边凹槽对着光伏组件倾斜约 30°角，紧靠装框机的侧面靠上，用另一长边凹槽对准组件轻推，使组件装

入凹槽，再压短边，将短边角件插入长边，注意角件必须到位后方可操作换向阀按钮压短边，压到位 2～3s 后松开按钮。取下组件，检查是否到位。

（5）两人将装框好的组件抬至补胶工作台，不得倾斜且注意方向正确。

（6）在背板和铝合金交接处补上适量硅胶，补胶须均匀平滑，无漏补，补胶时气压枪筒与背板成约 45°角，与交接线成 45°角，斜口朝向喷嘴运动方向，注意保持背板的清洁。

（7）在木托盘上垫上瓦楞纸，把光伏组件存放到木托盘上，每个木托盘存放 20 块组件，如图 7-6 所示，并在最上边的一块光伏组件短边框上标明装框时间，用液压车推至规定位置，摆放整齐。

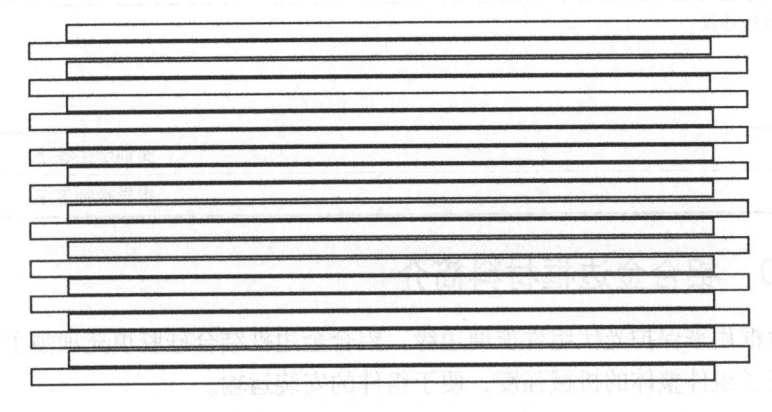

图 7-6  装框后组件堆放示意图

### 7.2.8 注意事项

（1）拿、放、抬未装框光伏组件时注意不要碰到组件的四角，注意手要保持清洁。

（2）按工艺要求顺序安装边框，保证硅胶溢出均匀一致。

（3）组件堆放时要保证边沿与四角对齐，且四角要放置纸片，最多堆放数量为 30 块。

（4）组件堆放时不能磨损边框，及时清理溢出的硅胶。

（5）每堆组件以最外层一块组件为标准，室温下固化时间大于 8h 并设时间标志牌。

（6）将已装入铝框内的组件从周转台抬到装框机上时应扶住四角，防止组件从框内滑落。

（7）小心操作，以免用力过大损坏组件。边框要平直，不能弯曲。

（8）用电动或气动螺丝刀拧螺丝时不能拧得太紧，以免拧坏螺母。应先使用电动或气动螺丝刀粗拧，再用手动螺丝刀拧紧。

（9）引线根部与 TPT 之间必须用硅胶完全密封。

（10）若装框不到位，则用橡胶锤修正铝合金的交接处，使其符合要求；修正前必须检查橡胶锤是否牢靠。

（11）残留硅胶必须及时清理。

（12）建议以 10 根短边、10 根长边的次序循环在凹槽中涂覆硅胶。

（13）从组件背板挑起汇流条时，先去掉固定汇流条的胶带，不得损坏汇流条和 TPT。

（14）铝合金边框在涂覆硅胶工作台上不得悬空，和工作台边沿应保持一定的距离。

### 7.2.9 数据记录

将以上操作的相关数据记录在表 7-2 中。

**表 7-2 组件装框操作记录表**

| 组件序号 | 装框工艺精度（mm） | 打胶工艺精度（mm） | 用时长度（s） | 备　注 |
|---|---|---|---|---|
| 1 | | | | |
| 2 | | | | |
| 3 | | | | |
| 存在的问题及改进建议： | | | | |
| | | | 实训学生签字： | |
| | | | 指导教师签字： | |

### 7.2.10 铝合金边框材料简介

铝合金边框用来保护光伏组件玻璃边缘，铝合金边框结合硅胶填充加强了组件的密封性能，大大提高了组件整体的机械强度，便于组件的安装运输。

**1. 铝型材料的牌号和成分**

为达到光伏组件要求的机械强度及其他要求，参照 GB/T 3190—1996《变形铝及铝合金化学成分》中规定的国家标准，通常采用国际通用牌号为 6063T6 的铝合金材料。6063T6 铝合金材料以铝为主要构成元素，其他成分还有硅（Si）占 0.6%，铁（Fe）占 0.35%，镁（Mg）占 0.9%，铬、锌、钛各占 0.1% 等。

**2. 铝型材的表面处理**

光伏组件要保证长达 25 年的使用寿命，铝合金表面必须经过钝化处理——阳极氧化，表面氧化层厚度须大于 10μm。用于封装的边框应无变形，表面无划伤。目前光伏组件厂家铝边框的平均氧化层处理厚度在 25μm。阳极氧化也即金属或合金的电化学氧化，是将金属或合金的制件作为阳极，采用电解的方法使其表面形成氧化物薄膜。例如铝阳极氧化，将铝及其合金置于相应电解液（如硫酸、铬酸、草酸等）中作为阳极，在特定条件和外加电压作用下，进行电解。阳极的铝或其合金氧化，表面上形成氧化铝薄层，其厚度为 5～20μm，硬质阳极氧化膜可达 60～200μm。阳极氧化后的铝或其合金，其硬度和耐磨性得到了提高，硬度可达 250～500kg/mm$^2$；并产生良好的耐湿性，硬质阳极氧化膜熔点高达 2320K；其绝缘性能优良，耐击穿电压高达 2000V；抗腐蚀性能优良。

**3. 光伏组件用铝型材料的质量要求**

（1）氧化膜厚度的质量要求，按 GB/T 14952.3—1994 标准执行。

（2）划痕数量的质量要求：目视全表面检测，整根长度为 0～0.5cm 划痕不得超过 2

个；长度为 0.5～1cm 划痕的数量不超过 1 个，不允许出现长度大于 1cm 的划痕。

（3）颜色和色差方面的要求，按 GB/T 14952.3 执行。耐蚀、耐磨和耐气温变化性能方面的要求，按 GB/T 5237.2—2000 规定执行。光伏组件对耐蚀、耐磨、耐气温变化性能要求较高。

**4. 铝合金材料包装、运输、储存**

铝型材料不涂抗腐蚀油，其包装、运输、储存参照 GB/T 3199 执行，要求外包塑料薄膜运输。

## 7.3 接线盒安装

在已装框完成的光伏组件上安装接线盒，以便进行电气连接。

### 7.3.1 有机硅橡胶密封剂简介

**1. 有机硅橡胶密封剂（简称硅胶）**

有机硅橡胶密封剂，简称硅胶，用于黏结、密封耐紫外线照射的绝缘玻璃和太阳能电池板。有机硅橡胶密封剂应储存在干燥、通风、阴凉的环境中。光伏组件加工中所使用的有机硅橡胶密封剂的质量要求如下。

（1）外观标准。在明亮环境下，将产品挤成细条状进行目测，产品应为细腻、均匀膏状物或黏稠液体，无结块、凝胶、气泡。各批之间颜色不应有明显差异。

（2）压流黏度。在标准试验条件（温度（23±2）℃，相对湿度50%±5%。）下放置4h以上，然后用孔径为 3.00mm 的胶嘴在 0.3MPa 的气体压力下测定其挤出时间，要求挤出 20g 产品所用的时间不小于 7s。

（3）指干时间。将产品用胶枪在实验板上涂覆成细条状，立即开始计时，当用手指轻触胶条不粘手指时，停止计时，记录从挤出到不粘手所用的时间，要求在 10～30min 之间。

（4）拉伸强度及伸长率。拉伸强度≥1.6MPa，伸长率≥300%。

（5）剪切强度。剪切强度≥1.3MPa。

**2. 双组分有机硅导热灌封胶**

双组分有机硅导热灌封胶广泛应用于对防水导热有要求的电子产品。双组分有机硅导热灌封胶是一种导热绝缘材料，要求固化时不放出热量，无腐蚀、收缩率小，适用于电子元器件的各种导热密封，浇注，形成导热绝缘体系。它的特点是在室温下可以固化，加热可快速固化，易于使用；在较宽的温度范围内（-60～250℃）内保持橡胶弹性，电性能优异，介电常数与介电损耗非常小，导热性较好；防水防潮，化学性能稳定，耐气候老化 25 年以上；能与大部分塑料、橡胶、尼龙及聚苯醚 PPO 等材料良好黏附；符合欧盟 RoHS 环保指令要求。

双组分有机硅导热灌封胶产品属非危险品，但使用时注意勿入口和眼，混合好的胶料应一次用完，避免造成浪费。可按一般化学品运输，胶料应密封储存。

光伏组件加工中所使用的双分组有机硅导热灌封胶的质量要求如下：

（1）固化前外观检查。检查外观，应为白色流体；A、B组黏度适宜；A组黏度为5000～15000cps，B组黏度为50～100cps。

（2）操作性能。可操作时间20～60min，初步固化时间3～5h，完全固化时间不超过24h。

（3）固化后指标。硬度25～35（肖氏硬度单位）；导热系数≥1.13kJ/(m·k·℃)；介电强度≥20kV/mm；介电常数（1.2MHz）为3.0～3.3；体积电阻率≥$1.0\times10^{14}$Ω·m；线膨胀系数≤$2.2\times10^{-4}$。

### 7.3.2 工艺要求

（1）接线盒与TPT之间必须用硅胶密封。
（2）引线电极必须准确无误地焊在相应位置。
（3）引线焊接不能虚焊、假焊。
（4）引线穿入接线孔内必须到位，无松动现象。

### 7.3.3 物料清单

光伏组件、硅胶1527、接线盒（含防反充二极管）、硅橡胶（732道康宁）、透明胶带、棉质抹布。

### 7.3.4 工具清单

实训中需用到的工具有气动胶枪、电烙铁、钢丝钳、金属镊子、剪刀、工作台、美工刀。

### 7.3.5 工作准备

（1）工作时必须穿工作衣、工作鞋，佩戴手套、工作帽。
（2）做好工艺卫生，用抹布擦拭工作台。

### 7.3.6 安装接线盒

接线盒的安装，可参考图7-7。

（1）将光伏组件电极引出端的汇流条短接，对层压组件进行放电，用背面没有涂覆硅胶的接线盒，检查光伏组件电极引出端位置是否合适。

（2）接线盒边缘距组件边缘距离应大于20mm，引出的汇流条应完全位于接线盒的出线孔内，即引出端开口不能被接线盒压住。

（3）硅橡胶的开口直径为5mm，以保证打出的胶均匀、适中。

（4）将接线盒放置在工作台上，背面朝上，用气动胶

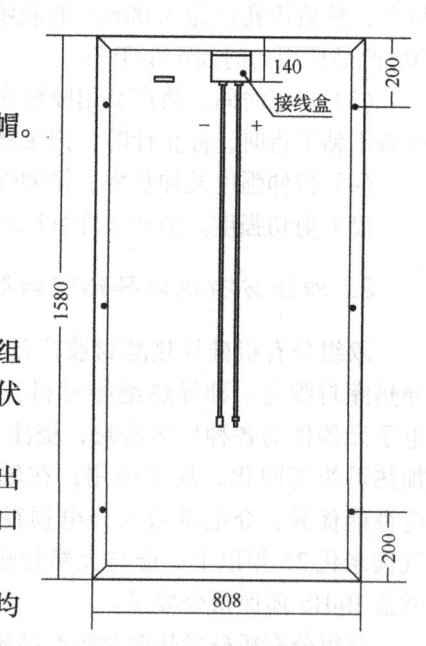

图7-7 接线示意图

枪将硅橡胶均匀地涂覆在接线盒的四周，并在接线盒的出线孔周围也均匀地涂覆上一圈硅胶。

（5）将接线盒固定于光伏组件背板上汇流条引出端的正中间，位置端正并压紧。

（6）用镊子辅助将汇流条接入接线孔时，一定要轻轻操作，避免接线盒发生位移，如汇流条过长，剪掉多余汇流条，避免发生断路，也不会因为过短而需要补接汇流条。

（7）将汇流条插入相应的接线孔后，用镊子试着拽动，检验已插接好的汇流条是否牢固，并调整裸露在外的汇流条，避免发生断路。

（8）接线盒安装完毕后要压紧并用透明胶带加以固定，避免接线盒发生移位。

（9）接线盒安装完毕后其引出线要固定在背板上，首先要在距接线盒15cm处用胶带固定在背板中间，再将两根引出线的接线头固定于组件背板。

（10）可用钢丝钳将光伏组件引线头部夹成重叠状，后穿入接线盒接线孔。

（11）盖上引线盒盖子。

### 7.3.7 质量检查

（1）检查接线盒是否安装到位，避免倾斜。

（2）接线盒与 TPT 连接处四周硅胶要溢出。

（3）检查接线盒是否有缺陷，正负极是否与光伏组件匹配，二极管极性是否正确，是否松动；在引出线的根部和接线盒的背面轮廓上均匀地涂覆上适量的硅胶，如图 7-8 所示，把接线盒黏结在光伏组件背板规定的居中位置，并把汇流条插进接线盒；汇流条引入接线盒要平直整齐、无松动。

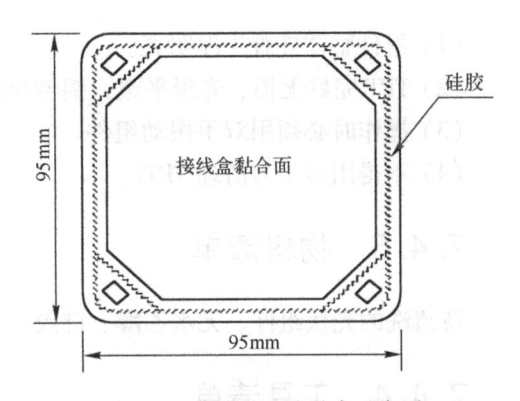

图 7-8 接线盒硅胶黏合示意图

### 7.3.8 数据记录

将接线盒安装操作时间及质量检查情况记录在表 7-3 中。

表 7-3 接线盒安装操作记录表

| 组件序号 | 密封硅胶工艺评价 | 电极安装焊接质量评价 | 整体工艺评价 | 用时长度（s） |
| --- | --- | --- | --- | --- |
| 1 | | | | |
| 2 | | | | |
| 3 | | | | |
| 存在的问题及改进建议： | | | | |
| | | | 实训学员签字： | |
| | | | 指导教师签字： | |

## 7.4 组件清洗

对光伏组件进行清理、补胶，保持组件外观干净整洁。

### 7.4.1 无水乙醇简介

无水乙醇又称为无水酒精，在光伏组件加工实训中，用于清洗焊点或电池片及其他部件上残留的焊剂、油污等。它是一种无色透明易挥发的液体，易燃，易吸收水分，能与水及其他许多有机溶剂混合，它的密度为 $0.79 \times 10^3 \text{kg/m}^3$。

### 7.4.2 工艺要求

（1）组件整体外观干净明亮。
（2）TPT 完好无损、光滑平整，铝型材料和玻璃无划伤。
（3）操作时必须用双手搬动组件。
（4）不得用美工刀清理 TPT。

### 7.4.3 物料清单

待清洗的光伏组件、无水乙醇、硅胶。

### 7.4.4 工具清单

实训中需用到的工具有抹布、美工刀片、气动胶枪、美工刀、塑料刮片、橡片、无尘布、酒精、清洁球。

### 7.4.5 工作准备

（1）穿好工作衣和工作鞋，戴好工作帽和手套。
（2）清洁工作台面，清理工作区域地面，做好工艺卫生，工具摆放整齐有序。
（3）检查辅助工具是否齐全，有无损坏。

### 7.4.6 产品加工前检验

（1）硅胶完全凝固。
（2）组件内 $0.5 \sim 1 \text{mm}^2$ 气泡不超过 3 个，$1 \sim 1.5 \text{mm}^2$ 气泡不超过 1 个，组件内无碎片。
（3）组件背面 TPT 无损伤，铝合金边框无表面划伤以及污渍。
（4）检查组件是否合格或有异常情况（有异常及时向班组长汇报），用美工刀刮去组件正面残余硅胶，注意不要划伤铝型材料。

## 7.4.7 组件清洗

(1) 双手搬动组件，轻放在工作台上，TPT 朝上。
(2) 用无尘布蘸上酒精擦拭 TPT，检查是否有漏胶的地方。
(3) 用刀片刮去组件正面黏结的 EVA 及多余的硅胶。
(4) 用无尘布蘸酒精擦洗组件正面及铝合金边框。
(5) 用塑料刮片或橡皮去除 TPT 上黏结的 EVA 和污物。
(6) 用无尘布蘸酒精擦洗 TPT 表面。
(7) 操作结束后进行自检，检查组件是否洁净，TPT 是否完好。
(8) 清洗后符合要求的在工序单上做好记录流入下一道工序。
(9) 清理工作台面，保证工作环境清洁有序。

## 7.4.8 作业检查

检查光伏组件是否有漏胶的地方，擦拭不干净的地方。

## 7.4.9 注意事项

(1) 加工中注意轻拿轻放。
(2) 注意不要划伤铝型材料、玻璃。
(3) 注意不要划伤 TPT。
(4) 在使用刀片时应小心，避免划伤自己。
(5) 清理组件背面时严禁用硬物刮擦 TPT，避免划伤 TPT。
(6) 移动和叠放组件时应轻拿轻放，不能互相碰撞，以免损坏光伏组件。

## 7.4.10 数据记录

将光伏组件清洗过程中的检测结果填写在表 7-4 中。

表 7-4 光伏组件清洗记录表

| 组件序号 | 组件整体外观是否干净明亮 | TPT 是否完好无损、光滑平整 | 型材玻璃是否存在划伤 | 用时长度（s） |
|---|---|---|---|---|
| 1 | | | | |
| 2 | | | | |
| 3 | | | | |
| 存在的问题及改进建议： | | | | |
| | | | 实训学员签字： | |
| | | | 指导教师签字： | |

## 项目评价

根据本章实训完成情况，对工作过程进行评价，评价表如表7-5所示。

表7-5 装框、清洗与固化项目实训评价表

| 项目 | 指标 | 分值 | 评价方式 自测（评） | 评价方式 互测（评） | 评价方式 师测（评） | 备注 |
|---|---|---|---|---|---|---|
| 任务完成情况 | 固化工艺 | 10 | | | | |
| 任务完成情况 | 装框工艺 | 10 | | | | |
| 任务完成情况 | 接线盒安装 | 10 | | | | |
| 任务完成情况 | 组件清洗 | 10 | | | | |
| 技能技巧 | 操作用时评价 | 10 | | | | |
| 技能技巧 | 团队协作评价 | 10 | | | | |
| 技能技巧 | 操作规范性评价 | 10 | | | | |
| 职业素养 | 实训态度和纪律 | 10 | | | | 1. 按照6S管理要求规范摆放 2. 按照6S管理要求保持现场 |
| 职业素养 | 安全文明生产 | 10 | | | | |
| 职业素养 | 设备及工量具放置管理 | 10 | | | | |
| 合计分值 | | | | | | |
| 综合得分 | | | | | | |
| 指导教师评价 | 专业教师签字：_____ ___年___月___日 实训指导教师签字：_____ ___年___月___日 | | | | | |
| 自我评价小结 | 实训人员签字：_____ ___年___月___日 | | | | | |

# 8 光伏组件的检测与装箱

## 8.1 认识光伏组件

经过前叙实训项目加工，现已制成光伏组件成品，本节将对光伏组件成品进行整体认识和测试。

### 8.1.1 技术参数

（1）型号。一般由生产厂家自行制定。

（2）光伏组件光电转换效率为10%、11%、12%、13%、14%、15%、16%等。

（3）尺寸结构。光伏组件大小与结构各有不同，如图8-1所示为几种不同尺寸结构的光伏组件。

图8-1 光伏组件

（4）使用黏合胶体类型：标称胶体种类。

（5）电气参数。光伏组件电气参数有标准输出功率、峰值电压、峰值电流、短路电流、开路电压、系统电压。

（6）温度范围：标称使用温度范围。

（7）功率误差范围（±%）：标称功率允许误差范围。

（8）承受冰雹能力：标称级别。

（9）接线盒。接线盒的参数有电气参数、防护等级、连接线长度等参数。

### 8.1.2 典型产品技术参数

典型光伏组件产品参数如表8-1所示。

表8-1 典型产品的参数表

| 组件系列 | 20W（M-多晶硅） | | | |
|---|---|---|---|---|
| 规 格 | 4W | 5W | 10W | 20W |
| 开路电压（$V_{oc}$/V） | 21.3 | 21.3 | 21.3 | 21.3 |
| 短路电流（$I_{sc}$/A） | 0.26 | 0.31 | 0.65 | 1.3 |
| 最大功率电压（$V_{mp}$/V） | 17.2 | 17.2 | 17.2 | 17.2 |
| 最大功率电流（$I_{mp}$/A） | 0.24 | 0.30 | 0.59 | 1.17 |
| 峰值功率（$P_p$/W） | 4 | 5 | 10 | 20 |
| 填充因子（FF） | >72% | | | |
| 实际光电转换效率（$\eta$） | 11% | 12.8% | 14% | 14.3% |
| 外形尺寸（mm） | 336×156×26 | | 536×246×26 | 615×280×26 |
| 安装孔尺寸（mm） | 208×112 | 208×112 | 330×202 | 379×232 |
| 安装孔径（mm） | φ6 | φ6 | φ6 | φ6 |
| 重量（kg） | 0.5 | | 1.6 | 2.23 |

| 组件系列 | 50W（M-多晶硅/S-单晶硅） | | | 80W（M-多晶硅/S-单晶硅） | | |
|---|---|---|---|---|---|---|
| 规 格 | 50W | 55W | 60W | 75W | 80W | 85W |
| 开路电压（$V_{oc}$/V） | 21.6 | 21.5 | 22 | 21.3 | 21.3 | 21.3 |
| 短路电流（$I_{sc}$/A） | 3.2 | 3.47 | 3.6 | 4.78 | 5.12 | 5.42 |
| 最大功率电压（$V_{mp}$/V） | 17.3 | 17.6 | 17.6 | 17.6 | 17.4 | 17.4 |
| 最大功率电流（$I_{mp}$/A） | 2.9 | 3.13 | 3.41 | 4.31 | 4.6 | 4.89 |
| 峰值功率（$P_p$/W） | 50 | 55 | 60 | 75 | 80 | 85 |
| 填充因子（FF） | >72% | | | | | |
| 实际光电转换效率（$\eta$） | 12.8% | 14.0% | 14.3% | 13.3% | 14.2% | 15.1% |
| 外形尺寸（mm） | 996×446×35 | | | 1196×534×35 | | |
| 安装孔尺寸（mm） | 616×404 | | | 832×494 | | |
| 安装孔径（mm） | φ9 | | | φ9 | | |
| 重量（kg） | 6.8 | | | 7.7 | | |

| 组件系列 | 120W（M-多晶硅/S-单晶硅） | | | 160W（M-多晶硅/S-单晶硅） | |
|---|---|---|---|---|---|
| 规 格 | 100W | 110W | 120W | 150W | 160W |
| 开路电压（$V_{oc}$/V） | 21.3 | 21.3 | 21.3 | 43.2 | 43.2 |
| 短路电流（$I_{sc}$/A） | 6.37 | 6.95 | 7.65 | 4.87 | 5.03 |
| 最大功率电压（$V_{mp}$/V） | 17.4 | 17.4 | 17.4 | 34.4 | 34.4 |
| 最大功率电流（$I_{mp}$/A） | 5.75 | 6.33 | 6.90 | 4.37 | 4.66 |
| 峰值功率（$P_p$/W） | 100 | 110 | 120 | 150 | 160 |
| 填充因子（FF） | >72% | | | | |
| 实际光电转换效率（$\eta$） | 13.8% | 14.5% | 15.1% | 13.3% | 14.5% |

续表

| 组件系列 | 120W（M-多晶硅/S-单晶硅） | | | 160W（M-多晶硅/S-单晶硅） | |
|---|---|---|---|---|---|
| 规　格 | 100W | 110W | 120W | 150W | 160W |
| 外形尺寸（mm） | 1434×642×42 | | | 1580×808×42 | |
| 安装孔尺寸（mm） | 886×582 | | | 974×748 | |
| 安装孔径（mm） | $\phi 9$ | | | $\phi 9$ | |
| 重量（kg） | 12 | | | 15.5 | |
| 组件系列 | 140W（M-多晶硅/S-单晶硅） | | | 150W（M-多晶硅/S-单晶硅） | | |
| 规　格 | 135W | 140W | 145W | 150W | 155W | 160W |
| 开路电压（$V_{oc}$/V） | 28.7 | 28.7 | 28.7 | 28.7 | 28.7 | 28.7 |
| 短路电流（$I_{sc}$/A） | 6.37 | 6.63 | 6.87 | 7.11 | 7.35 | 7.60 |
| 最大功率电压（$V_{mp}$/A） | 23.2 | 23.2 | 23.2 | 23.2 | 23.2 | 23.2 |
| 最大功率电流（$I_{mp}$/A） | 5.74 | 6.04 | 6.25 | 6.47 | 6.69 | 6.91 |
| 峰值功率（$W_p$/W） | 135 | 140 | 145 | 150 | 155 | 160 |
| 填充因子（FF） | >72% | | | | | |
| 组件实际效率（$\eta$） | 12.5% | 13% | 13.4% | 13.9% | 14.4% | 14.8% |
| 外形尺寸（mm） | 1306×966×42 | | | 1306×966×42 | | |
| 安装孔尺寸（mm） | 926×906 | | | 926×906 | | |
| 安装孔径（mm） | $\phi 9$ | | | $\phi 9$ | | |
| 重量（kg） | 12 | | | 15.5 | | |

组件参数的测试环境和条件如表8-2所示。

表8-2　光伏组件参数测试环境和条件

| 标准测试条件：AM1.5，辐照度1000W/m²，环境温度25℃ | | | |
|---|---|---|---|
| 电池温度 | 25℃ | 边框接地电阻 | ≤10Ω |
| 绝缘测试电压 | 3000V | 迎风压强 | 2400Pa |

**小知识**

AM1.5指太阳光入射于地球表面的平均辐射度为1000W/m² 的光照条件。

### 8.1.3　质量等级标准

根据国内电子行业标准 SJ/T 9550.30—1993 规定，结合 GB 6495、GB 6497、GB/T 14007、SJ/T 9550.30—1993 中的相关规定，地面用晶体硅太阳能电池组件质量等级标准如下。

（1）优等品标准：外观尺寸符合详细规范规定，美观、无缺陷；AM1.5 转换效率不低于9.0%。

(2) 一等品标准：外观尺寸符合详细规范规定；AM1.5 转换效率不低于 8.0%。

(3) 合格品标准：外观尺寸符合现行标准。

### 阅读材料

以下为某光伏电站招标时对光伏组件的要求，以此可了解现行企业标准。

(1) 提供的光伏组件要求输出功率为 160W 及以上，分别安装在楼顶停车场的顶棚上，安装总功率不小于 1.29MW。要求提供的组件全部为正偏差片，各厂家提供近几个月光伏组件产能的数据，以证明企业产品生产和供货能力。

(2) 在标准条件下（即 AM1.5，辐照度 $E=1000W/m^2$，温度为 $(25\pm1)$℃，在测试周期内光照平面范围的辐照不均匀性 $\leqslant \pm5\%$），太阳能电池组件的实际输出功率应满足标称功率要求，太阳能电池组件的光电转换效率≥14%。

(3) 光伏组件使用第一年内功率衰减必须小于 5%，使用 10 年输出功率下降不得超过使用前的 10%；组件使用 20 年输出功率下降不得超过使用前的 20%。

(4) 组件使用寿命不低于 20 年，太阳能电池组件防护等级不低于 IP65。

(5) 光伏组件强度测试，应该按照 IEC 61215 光伏电池的测试标准要求，可以承受直径 $(25\pm1.25)$ mm，质量 $(7.53\pm0.38)$ g 的冰雹以 23m/s 速度的撞击。撞击后满足以下要求：

1) 无破碎、开裂、弯曲、不规整或损伤的外表面；

2) 某个电池的一条裂纹，其延伸不会导致组件减少该电池面积 10% 以上；

3) 在组件边缘和任何一部分电路之间没有形成连续的气泡或脱层通道；

4) 表面机械完整性。表面机械缺陷不会导致组件的安装和工作都受到影响。标准测试条件下最大输出功率的衰减不超过实验前的 5%。绝缘电阻应满足初始实验的同样要求。

(6) 组件内的连接盒采用满足 IEC 标准的电气连接，采用工业防水耐温快速接插，耐紫外线辐射的阻燃电缆。

(7) 组件的封层中气泡或脱层没有在某一片电池与组件边缘形成一个通路，气泡或脱层的几何尺寸和个数符合相应的产品详细规范规定。

(8) 组件在外加直流电压 1150V 时，保持 1min，无击穿、闪烁现象。

(9) 绝缘性能。对组件施加 500V 的直流电压，其绝缘电阻应不小于 50MΩ，漏电电流小于 50μA。

(10) 采用 EVA、玻璃等层压封装的组件，EVA 的交联度大于 65%，EVA 与玻璃的剥离强度大于 $30N/cm^2$。EVA 与组件背板剥离强度大于 $15N/cm^2$。

(11) 光伏组件受光面有较好的自洁能力；表面抗腐蚀、抗磨损能力满足相应的国标要求。

(12) 为确保组件的绝缘、防潮性和寿命，要求光伏组件边框与电池片的距离不小于 11mm。

## 8.1.4 实训及数据记录

分别测试三块光伏组件的相关参数，填写表 8-3。

表 8.3 光伏组件性能测试记录表

| 组件序号 参数 | 1 | 2 | 3 |
| --- | --- | --- | --- |
| 组件规格 | | | |
| 开路电压（$V_{oc}$/V） | | | |
| 短路电流（$I_{sc}$/A） | | | |
| 最大功率电压（$V_{mp}$/V） | | | |
| 最大功率电流（$I_{mp}$/A） | | | |
| 峰值功率（$P_p$/W） | | | |
| 填充因子（FF） | | | |
| 组件实际效率（$\eta$） | | | |
| 外形尺寸（mm） | | | |
| 安装孔径（mm） | | | |
| 重量（kg） | | | |
| 实训学员签字： | | 指导教师签字： | |

## 8.2 光伏组件的性能测试

### 8.2.1 基本性能测试

光伏组件在投入使用前须先进行各项性能测试，具体方法主要参考 GB/T 9535—1998《地面用晶体硅光伏组件设计鉴定与定型》，GB/T 14008—1992《海上用太阳能电池组件总规范》，但主要为电参数测量、电绝缘性能测试、热循环实验、湿热-湿冷实验、机械载荷实验、冰雹实验、老化实验等项目。

（1）电参数测量。在规定光源的光谱、标准光强以及一定的电池温度（25℃）条件下对太阳能电池的开路电压、短路电流、最大输出功率、伏安特性曲线等进行测量。

（2）电绝缘性能测试。以 1kV 的直流电压施加在组件底板与引出线上，测量其绝缘电阻，应大于 2000MΩ，以确保在应用过程中组件边框无漏电现象发生。

（3）热循环实验。将组件置于有自动温度控制、内部空气循环的气候室内，使组件在 40～85℃之间循环升降温，并在极端温度下保持规定时间，监测实验过程中可能产生的短路和断路、外观缺陷、电性能衰减率、绝缘电阻等，以确定组件在温度重复变化时的热应变能力。

（4）湿热-湿冷实验。将光伏组件置于带有自动温度控制、内部空气循环的气候室内，使组件处于一定温度和湿度条件下往复循环的环境，保持一定恢复时间，监测实验过程中可能产生的短路和断路、外观缺陷、电性能衰减率、绝缘电阻等，以确定组件承受高温高湿和低温低湿的能力。

(5) 机械载荷实验。在组件表面逐渐加载载荷，监测实验过程中可能产生的短路和断路、外观缺陷、电性能衰减率、绝缘电阻等，以确定组件承受风雪、冰雪等静态载荷的能力。

(6) 冰雹实验。以钢球代替冰雹从不同角度以一定动量撞击组件，检测组件产生的外观缺陷、电性能衰减率，以确定组件抗冰雹撞击的能力。

(7) 老化实验。老化实验用于检测光伏组件抗紫外辐射能力。将组件样品放在65℃，约6.5W/m$^2$的紫外线辐照下，测其电光特性的变化情况。需要注意的是，在老化实验中，电性能下降是不规则的，与EVA/TPT造成的光的辐照度损失不一定成比例。例如，一个电池EVA/TPT是透明的，透光率接近100%，电池效率下降了8.9%；另外一个电池，其EVA已变黄（褐），光透过率为87.8%，而电池效率下降为7.1%。

### 8.2.2 测试工艺

模拟标准测试条件，电池温度25±2℃，辐照度为1000W/m$^2$（标准太阳光谱辐照数据，GB/T 6495.3，AM1.5），测出电池的9个电性能特征参数。

### 8.2.3 设备和材料

实训中所需设备及材料有太阳光模拟脉冲发生器；检验合格的光伏组件；光伏组件测试仪，如图8-2所示。

图8-2 光伏组件测试仪

### 8.2.4 测试仪校准

（1）打开计算机、电子负载，开启光伏组件测试仪的电源。

（2）观察仪器各仪表显示是否正常，包括电压表、温度计等，参考测试环境温度为(25±2)℃，准确记录实际环境温度。

（3）打开测试软件，开启设备光源。调整太阳光模拟脉冲发生器电源的电压以及其与测试支架的间距以调整光强；根据所测组件的电池片类型和功率大小选用合适的标准组件。在测试软件中调用已保存的标准组件参数文件或按下上面的参数设置（Parameters）按钮，在弹出的对话框中输入设定标准组件的各类参数，单击测试软件上"HV"处的"ON"按钮，启动高压。按"Run"按钮开始测试，对照标准组件的电性能参数调整参数设置（Parameters）内的各参数值，

使测试符合标准组件的电性能参数（$I_{sc}$偏差为±1%、$V_{oc}$偏差为±1%、$P_{max}$偏差为±1%）。

（4）将标准组件（注意所选标准组件与待测组件的功率需吻合）固定在测试支架上，将测试仪输入端正级（黄色或红色）的鳄鱼夹与标准组件的正极相连在一起，负极（黑色或白色）的鳄鱼夹与标准组件的负极连在一起；测试空间需用遮光布封闭。

（5）触发仪器光源，观察显示的电性能数据与标准件附带数据是否一致。调整电子负载及电压、电流系数，再次触发仪器光源，并观察显示数据，重复调整、触发、观看，直到显示数据与标准数据误差在误差允许范围内。

### 8.2.5 组件测试

通过标准组件对测试仪进行标准后，即可开始测试待测组件，步骤如下。

（1）将被测组件放到测试台上，用正负极线夹子分别夹住光伏组件正负电极。

（2）打开计算机测量键，按测试钮进行测试，计算机自动显示出伏安特性曲线，如图8-3（a）所示，保存测试数据。

（3）取下电池组件，并保存好原始测试数据。

（4）全部测试完毕，单击测试软件上HV处的"OFF"位置，关毕高压。

（5）退出测试软件，关闭计算机。按"HV Disable"按钮彻底关闭高压。关闭太阳光模拟器测试台背面的主电源开关。

### 8.2.6 技术参数

（1）光伏组件中电池片无明显缺陷和碎裂，涂锡带排列整齐，不变色，不断裂。

（2）光伏组件电性能应符合《SEC多晶硅太阳电池组件技术参数表》。

（3）在光伏组件性能台上复测电池组件的性能，允许误差范围为±2.5%。

### 8.2.7 注意事项

（1）切勿打开设备机箱，箱内存在高压，接触可能被电击。

（2）夹具的两个引轨都应与测试组件可靠接触。由于专业光伏组件测试仪价格昂贵，有时也可采用简易光伏组件测试仪，如图8-3（b）所示。

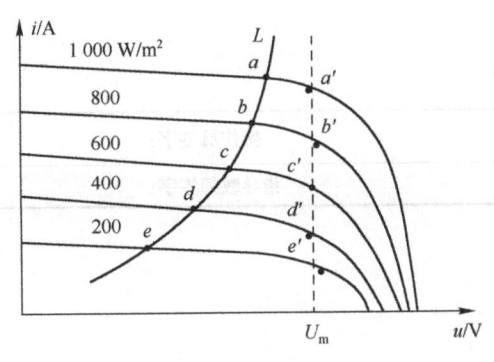

（a）伏安特性曲线 　　　　　　　　　　（b）测试仪

图8-3　伏安特性曲线及简易光伏组件测试仪

(3) 测试过程中，若光强或测试温度发生变化，应及时调整，调好后勿任意修改参数。

(4) 在计算机中，保存电性能测试的原始数据，并填写表 8-5。

(5) 一般允许的光伏组件功率误差范围，如表 8-4 所示。

表 8-4　光伏组件功率允许误差范围

| 额定输出功率（W） | 5 | 10 | 15 | 20 | 25 | 30 |
|---|---|---|---|---|---|---|
| 输出功率范围（W） | 4.85～5.15 | 9.7～10.3 | 14.55～15.45 | 19.4～20.6 | 24.5～25.75 | 29.1～30.9 |
| 额定输出功率（W） | 35 | 40 | 45 | 50 | 55 | 60 |
| 输出功率范围（W） | 33.95～36.05 | 38.8～41.2 | 43.65～46.35 | 48.5～51.5 | 53.35～56.65 | 58.2～61.8 |
| 额定输出功率（W） | 65 | 70 | 75 | 80 | 85 | 90 |
| 输出功率范围（W） | 63.05～66.95 | 67.9～72.1 | 72.75～77.25 | 77.6～82.4 | 82.45～87.55 | 87.6～92.7 |
| 额定输出功率（W） | 100 | 110 | 120 | 130 | 140 | 150 |
| 输出功率范围（W） | 97～103 | 106.7～113.3 | 116.4～123.6 | 126.1～133.9 | 135.8～144.2 | 145.5～154.5 |
| 额定输出功率（W） | 160 | 170 | 180 | 200 | 220 | 240 |
| 输出功率范围（W） | 155.2～164.8 | 164.9～175.1 | 175.2～185.4 | 194～206 | 213.4～226.6 | 232.8～247.2 |
| 额定输出功率（W） | 260 | 280 | 300 | 320 | 340 | 360 |
| 输出功率范围（W） | 252.2～267.8 | 271.6～288.4 | 291～309 | 310.4～329.6 | 329.8～350.2 | 350.3～370.8 |

### 8.2.8　数据记录

将以上测试所得相关数据填入表 8-5 中。

表 8-5　光伏组件性能测试数据记录表

| 组件序号 | 实测开路电压（V） | 实测短路电流（A） | 实测输出功率（W） | 结　　论 |
|---|---|---|---|---|
| 1 |  |  |  |  |
| 2 |  |  |  |  |
| 3 |  |  |  |  |
| 存在的问题及改进建议： ||||  |

操作员签字：

指导教师签字：

## 8.3　耐压测试操作

在本节中叙述的是在晶体硅太阳能光伏组件内填注 734 硅橡胶，密封引出导线后，对光伏组件进行高压测试，目的是检测在 3000V 的高压下，组件的漏电流是否能达到标准要求，是对组件可靠性的一种测试。

## 8.3.1 绝缘性能

电气产品的绝缘性能是评价其绝缘好坏的重要标志之一，一般以绝缘电阻来反映。光伏组件的绝缘电阻，是指带电部分与外露非带电金属部分（外壳）之间的绝缘电阻，不同的产品，施加不同的直流高压，如100V、250V、500V、1000V 等，规定一个下限绝缘电阻值作为其是否合格的评判标准。某些标准规定每 kV 电压，绝缘电阻不小于1MΩ 等。目前在家用电器产品标准中，通常只规定热态绝缘电阻，而不规定常态条件下的绝缘电阻值，常态条件下的绝缘电阻值由企业自行制定。如果常态绝缘电阻值低，说明绝缘结构中可能存在某种安全隐患或已受损。如电动机绕组对外壳的绝缘电阻低，可能是在嵌线时绕组的匀线槽绝缘受到损伤所致。在电器使用过程中，由于突然上电、切断电源或其他原因，电路会产生过电压，在绝缘受损处产生击穿，对人身安全造成威胁。

测量绝缘电阻的仪表称为绝缘电阻表。绝缘电阻表又称兆欧表、摇表、梅格表。绝缘电阻表主要由两部分组成。第一部分是直流高压发生器，用以产生一直流高压。第二部分是测量显示电路。

**1. 直流高压发生器**

测量绝缘电阻时必须在测量端施加一高压，此高压值在绝缘电阻表国家标准中规定为 50V、100V、250V、500V、1000V、2500V、5000V。直流高压的产生一般有三种方法。第一种为手摇发电机式。目前我国生产的兆欧表约80%是属于这种仪表（摇表名称来源）。第二种是通过市电变压器升压，整流得到直流高压的仪表，一般市电式兆欧表属于这种仪表。第三种是利用晶体管振荡电路或专用脉冲宽度调制电路来产生直流高压，一般电池式和部分市电式绝缘电阻表属于这种仪表。

**2. 测量显示电路**

绝缘电阻表的测量显示电路是一个流比计表头，这个表头中有两个线圈平面夹角约为60°的线圈，其中一个线圈是并联在直流高压电路两端的，另一线圈是串联在该电路中的。表头指针的偏转角度决定于两个线圈中的电流比，不同的偏转角度代表不同的阻值，测量阻值越小串联在测量回路中的线圈电流就越大，那么指针偏转的角度越大。流比计表头线圈中的磁场是非均匀的，当指针处于无穷大处时，电流线圈正好处于磁通密度最强的位置，所以尽管被测电阻很大，流过电流线圈电流很少，此时线圈的偏转角度会较大。当被测电阻较小或为零时，流过电流线圈的电流较大，线圈已偏转到磁通密度较小的地方，由此引起的偏转角度也不会很大，这样就实现了非线性矫正。一般兆欧表表头的阻值显示需要跨越几个数量级。若用线性电流表头直接串入测量回路中，则高阻值的刻度会非常密集，导致无法分辨。为了达到非线性矫正，必须在测量回路中加入非线性元件。从而达到在小电阻值时产生分流作用。在高电阻时不产生分流，从而使阻值显示达到几个数量级。随着电子技术及计算机技术的发展，数字式绝缘电阻表有逐步取代指针式绝缘电阻表的趋势。

### 8.3.2 设备及工具清单

实训中需用到的设备及工具有 ET2671A 型耐压测试仪 1 台，可输出 2kV 电压且有限流作用的直流电压源 1 个，绝缘电阻表 1 个，工作台 1 个，注胶枪 1 个，连接线若干。

### 8.3.3 材料清单

734 硅橡胶 1 盒、棉质抹布 1 块。

### 8.3.4 试验条件

光伏组件的试验条件为：室温 25℃（GB/T 2421），相对湿度不超过 75%。

### 8.3.5 工艺要求

（1）在操作时必须穿绝缘鞋、带绝缘手套，必须站在绝缘胶垫上。
（2）测试区必须保证地面和设备干燥、无积水。
（3）测试过程中，身体的任何部位不可接触耐压测试仪，除测试者之外的其他无关人员与测试区保持至少 100cm 的距离。
（4）将 734 硅橡胶安装到注胶枪上，用美工刀在注胶口 7cm 的地方划开一条缝隙。
（5）用金属镊子拽动汇流条，检查汇流带和端子连接是否牢固不松动，然后将 734 硅橡胶注入汇流条引出位置，将出线端完全密封。

### 8.3.6 质量要求

（1）在测试中，无绝缘击穿及表面破裂现象。
（2）对于面积小于 $0.1m^2$ 的组件绝缘电阻不小于 400MΩ。
（3）对于面积大于 $0.1m^2$ 的组件，测试所得绝缘电阻值乘以光伏组件面积应不小于 $40MΩ·m^2$。

### 8.3.7 耐压测试

（1）将汇流条短接，放掉组件本身的静电。用测试仪两根连接线夹分别夹住对应的汇流条，另外的一根连接线，夹注光伏组件的一个铝边框的安装孔。
（2）开启耐压测试仪电源，观察数据显示，确保在无高压输出状态连接好光伏组件。
（3）在电压表显示为"0"并在"复位"状态下，把地线连接好。
（4）设定漏电电流测试所需值，按下预制键选择所需电流范围挡，调节所需漏电流值，相关参数如表 8-6 所示。

表 8-6 测试参数表

| 项　目 | 参　数 |
| --- | --- |
| 测试电压值 | DC 3000V |
| 测试漏电流值 | DC 5～7μA |

续表

| 项　目 | 参　数 |
|---|---|
| 漏电流报警预制范围 | DC 0.01～0.02mA |
| 大气压力 | 101.25kPa |
| 测试时间 | 60s |
| 变压器容量 | 750VA |

（5）设定测试时间，按时间个位、十位键，设定所需测试时间，按"启动"键，将电压调到所需测试值，到定时时间后判断被测组件是否合格。

（6）如被测组件电流超过规定漏电流值，计时时间内超漏指示灯会自动亮起，蜂鸣器会报警，表明此组件不合格。计时时间到，测试电压被切断，则表明被测组件为合格。

（7）关闭耐压测试仪电源，等到测试指示灯熄灭，无高压输出时再拆卸连接线，更换组件重复以上步骤。

## 8.3.8　绝缘电阻测试

（1）将组件引出线短接后接到有限流装置的直流绝缘测试仪的正极。

（2）将组件暴露的金属部分接到绝缘测试仪的负极。如果光伏组件无边框，或边框是不良导体，就将组件的周边和背面用导电箔包裹，再将导电箔连接到绝缘测试仪的负极。

（3）以不大于500V/s的速率增加绝缘测试仪的电压，直到电压为1000V加上两倍的组件最大输出电压。如果组件的最大输出电压不超过50V，所施加的电压应为500V，维持此电压1min。

（4）降低电压值直到零，将绝缘测试仪的正负极短路，使组件放电。

（5）拆去绝缘测试仪正负极的短接线。

（6）以不大于500V/s的速率增加绝缘测试仪的电压，直到等于500V或组件最大系统电压的最大值。维持此电压2min，然后测量绝缘电阻。

（7）降低电压值直到零，将绝缘测试仪的正负极短路，使组件放电。

（8）拆去绝缘测试仪与组件的连接线及正负极的短接线。

（9）测试完毕关闭高压测试仪电源和其他电源。

如果光伏组件无金属边框，可将金属板放在组件的正面上重复绝缘测试。

## 8.3.9　数据记录

将耐压测试数据填写在表8-7中。

表8-7　耐压测试数据记录表

| 组件序号 | 电压峰值（V） | 通电时间（min） | 漏电流（A） | 结　论 |
|---|---|---|---|---|
| 1 |  |  |  |  |
| 2 |  |  |  |  |

续表

| 组件序号 | 电压峰值（V） | 通电时间（min） | 漏电流（A） | 结　论 |
|---|---|---|---|---|
|  |  |  |  |  |

（1）测试环境说明：

（2）存在的问题及改进建议：

实训学员签字：

指导教师签字：

## 8.4　光伏组件包装与装箱操作

### 8.4.1　准备工作

（1）工作人员必须穿好工作衣、鞋，戴好手套。
（2）做好工艺卫生，保持周围环境干净整洁。

### 8.4.2　工艺要求

（1）一个包装箱装4个光伏组件，靠近包装箱的2个组件必须玻璃面向着包装箱。
（2）包装箱内无异物，木箱无铁钉露出。
（3）包装箱在木托盘上摆放紧凑，每个木托盘上竖立放置5个包装箱。
（4）同一包装箱里的组件必须是同一个规格的。
（5）组件与组件之间用瓦楞纸隔板隔开，瓦楞纸摆放平整，不能损坏瓦楞纸。
（6）组件应轻拿轻放，摆放竖直、整齐。
（7）待包装用的瓦楞纸在桌子上堆放不能超过1m。
（8）封箱带在箱侧部分不得盖住箱体印刷部分，封箱带必须平整，黏结牢固。
（9）各种标签必须在指定位置粘贴端正，一律使用40mm×70mm的标签。
（10）待包装组件的条形码四个为一组，经依次扫描后打印在标签上，贴在图示位置，包装箱内的组件条形码必须和标签上的条形码正确对应，标签、铭牌粘贴位置如图8-4所示。
（11）铭牌图号根据计划要求来决定是否要贴及其主要内容，其粘贴位置如图8-4所示。
（12）组件规格标签贴在包装箱指定位置。
（13）托盘号标签和铭牌图号只贴在托盘中间一个包装箱上。
（14）打包后打包带与箱体边缘间距对称、美观，如图8-5所示，注意用纸护角保护打包带与纸箱角接触的地方。

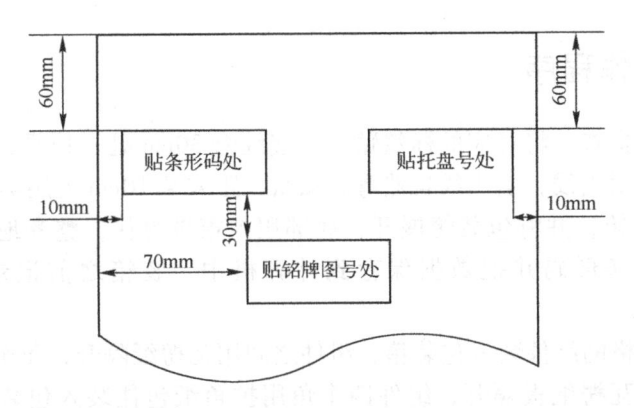

图 8-4 条形码、托盘号标签和铭牌图号粘贴位置示意图（允许误差 5mm）

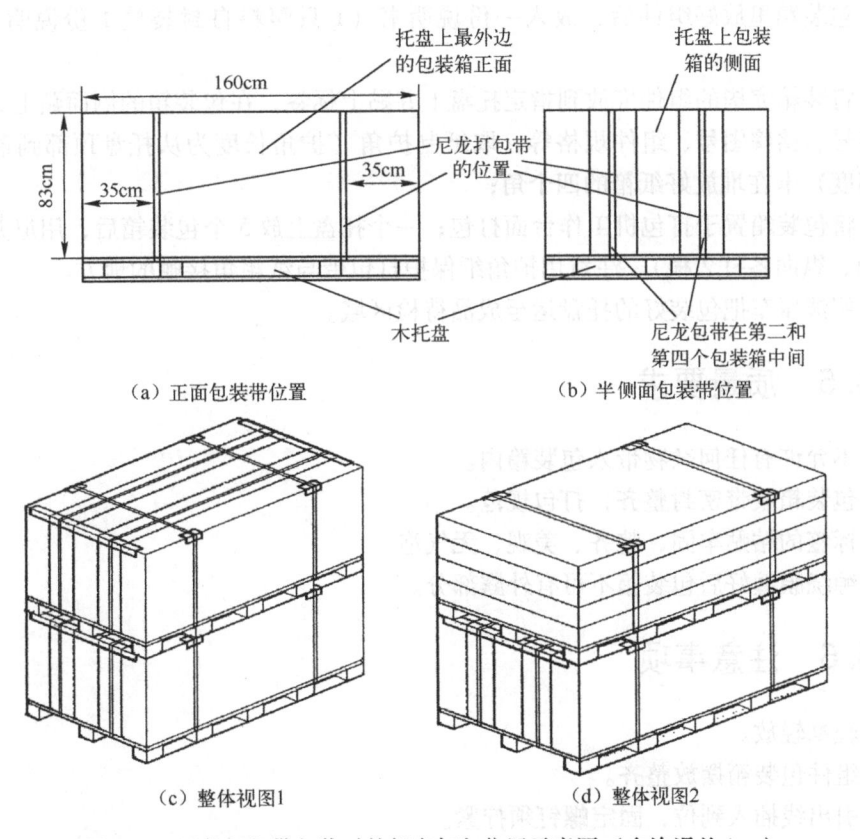

图 8-5 尼龙打包带包装时的规定打包位置示意图（允许误差 1cm）

（15）一般箱体有底盖和顶盖之分，摆放时注意不要倒置，以免影响搬运。

## 8.4.3 设备、材料及工具

实训中所需设备、材料及工具有打包机、包装箱、包装带、瓦楞纸板、标签、透明胶带、美纹纸、护角、托盘、手套、打印机、剪刀、美工刀、橡胶榔头、液压车等。

### 8.4.4　操作程序

（1）组件外观检查。将对应的标签贴在距接线盒30cm处，抹平，不能有气泡；将清洗完毕的组件装上引出线，引出线自然弯成弧状，距末端10cm处用美纹纸固定。

（2）检查包装箱，并将包装箱展开，底部用封箱带封住，整齐地放在包装托盘上。

（3）扫描组件条形码并把数据保存到计算机中，装箱之前记录所装入组件的序列号。

（4）把检查合格的组件装入包装箱，组件之间用瓦楞纸隔开，每个包装箱内装入4块组件，组件之间用瓦楞纸板隔开，组件四个角用护角纸包住装入包装箱，并用透明胶带固定。

（5）包装箱里放好组件后，放入一份说明书（1只塑料自封袋放1份说明书），然后封箱。

（6）将装箱完毕的组件堆放到指定托盘上并贴上标签，在包装箱的侧面贴上组件条形码以及托盘号、铭牌图号、组件规格等；取纸制护角（护角长度为从托盘顶部到最上面一层纸箱的高度）卡在堆放好纸箱的四个角；

（7）将包装箱置于打包机工作台面打包；一个托盘上放5个包装箱后，用尼龙打包带打包（横向、纵向各打2根）。注意用护角纸保护打包带与纸箱角接触的地方。

（8）用液压车把包装好的托盘运至成品待检区域。

### 8.4.5　质量要求

（1）不允许有任何杂物带入包装箱内。
（2）包装箱胶带密封整齐，打包规范。
（3）标签的粘贴牢固、整齐、美观、无气泡。
（4）缠绕膜缠好后包装箱不可有外露部分。

### 8.4.6　注意事项

（1）轻拿轻放。
（2）组件包装箱摆放整齐。
（3）引出线插入到位，固定螺钉须拧紧。
（4）引出线正负极正确。
（5）包装后的组件一定要作好记录。

## 项目评价

根据本章实训完成情况，对工作过程进行评价，评价表如表8-8所示。

表8-8 光伏组件检测与装箱项目实训评价表

| 项目 | 指标 | 分值 | 评价方式 ||| 备注 |
|---|---|---|---|---|---|---|
| | | | 自测（评） | 互测（评） | 师测（评） | |
| 任务完成情况 | 认识组件 | 10 | | | | |
| | 性能测试 | 10 | | | | |
| | 耐压测试 | 10 | | | | |
| | 组件包装与装箱 | 10 | | | | |
| 技能技巧 | 操作用时 | 10 | | | | |
| | 团队协作 | 10 | | | | |
| | 操作规范性 | 10 | | | | |
| 职业素养 | 实训态度和纪律 | 10 | | | | 1. 按照6S管理要求规范摆放<br>2. 按照6S管理要求保持现场 |
| | 安全文明生产 | 10 | — | — | | |
| | 工量具定置管理 | 10 | — | — | | |
| 合计分值 | | | | | | |
| 综合得分 | | | | | | |
| 教师指导评价 | 专业教师签字：_____ ____年____月____日<br><br>实训指导教师签字：_____ ____年____月____日 ||||||
| 自我评价小结 | 实训人员签字：_____ ____年____月____日 ||||||

# 9 光伏系统的设计、安装与施工

## 9.1 光伏方阵的设计

### 9.1.1 光伏发电系统基本结构

大型的光伏发电系统由许多光伏组件并联成光伏阵列,设计光伏发电系统时应考虑以下三大关键因素:安装角度、电池容量、光伏阵列,这三个因素决定了系统的性价比。

光伏发电系统的基本结构如图 9-1 所示。

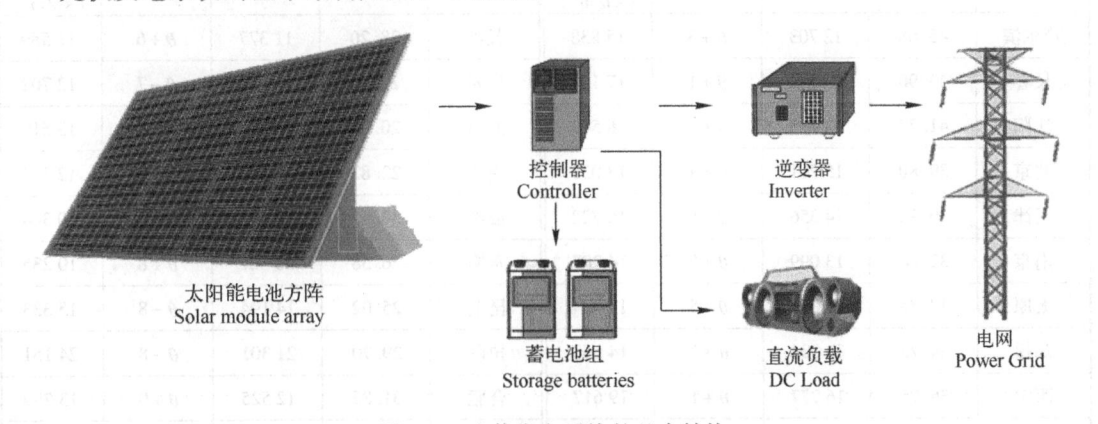

图 9-1 光伏发电系统的基本结构

### 9.1.2 方位角

太阳能电池方阵的方位角是方阵的光伏组件平面法线与正南方向的夹角(向东偏设定为负角度,向西偏设定为正角度)。一般情况下,方阵朝向正南(即方阵平面法线方向在地面上的投影与正南方向的夹角为 0°)时,太阳能电池发电量是最大的。在偏离正南 30°时,方阵的发电量将减少 10%～15%;在偏离正南 60°时,方阵的发电量将减少 20%～30%。但是,在我国大部分地区晴朗的夏天,太阳辐射能量的最大时刻是在中午稍后,因此方阵的方位应稍微向西偏一些,在午后时刻可获得最大发电功率。方阵设置场所受到许多条件的制约,例如,在地面上设置时地面的方位角、在屋顶上设置时屋顶的方位角,或者是为了躲避太阳阴影时的方位角,以及布置规划、发电效率、设计规划、建设目的等许多因素。如果要将方位角调整到在一天中负荷的峰值时刻与发电峰值时刻一致时,可参考下述的公式。

方位角 = [(一天中阳光强度的峰值时刻 − 12) × 15 + (经度 − 116)]°

至于并网发电的场合,希望综合考虑以上各方面的情况来选定方位角。

倾斜角是太阳能电池方阵平面与水平地面的夹角,并希望此夹角是方阵一年中发电量为最大时的最佳倾斜角度。一年中的最佳倾斜角与当地的地理纬度有关，当纬度较高时，相应的倾斜角也大。但是，和方位角一样，在设计中也要考虑到屋顶的倾斜角及积雪滑落的倾斜角（斜率大于50%～60%）等方面的限制条件。对于正南方向（方位角为0°），倾斜角从水平（倾斜角为0°）开始逐渐向最佳的倾斜角过渡时，其日射量不断增加直到最大值，然后再增加倾斜角其日射量不断减少。特别是在倾斜角大于60°以后，日射量急剧下降，直至到最后的垂直放置时，发电量下降到最小。实际应用中，方阵从垂直放置到10°～20°的倾斜放置都有。对于方位角不为0°的情况，斜面日射量的值普遍偏低，最大日射量的值是在与水平面接近的倾斜角度附近。以上所述为方位角、倾斜角与发电量之间的关系，具体设计某一个方阵的方位角和倾斜角还应综合地考虑其他因素，我国各主要城市的太阳辐射参数如表9-1所示。

表9-1 我国主要城市的辐射参数

| 城 市 | 纬度 $\theta$ (°) | 日辐射量 $H_t$ (kJ/m²) | 最佳倾斜角 $\theta_{op}$ (°) | 斜面日辐射量 (kJ/m²) | 城市 | 纬度 $\theta$ (°) | 日辐射量 $H_t$ (kJ/m²) | 最佳倾角 $\theta_{op}$ (°) | 斜面日辐射量 (kJ/m²) |
|---|---|---|---|---|---|---|---|---|---|
| 哈尔滨 | 45.68 | 12 703 | $\theta+3$ | 15 838 | 长沙 | 28.20 | 11 377 | $\theta+6$ | 11 589 |
| 长春 | 43.90 | 13 572 | $\theta+1$ | 17 127 | 广州 | 23.13 | 12 110 | $\theta-7$ | 12 702 |
| 沈阳 | 41.77 | 13 793 | $\theta+1$ | 16 563 | 海口 | 20.03 | 13 835 | $\theta+12$ | 13 510 |
| 北京 | 39.80 | 15 261 | $\theta+4$ | 18 035 | 南宁 | 22.82 | 12 515 | $\theta+5$ | 12 734 |
| 天津 | 39.10 | 14 356 | $\theta+5$ | 16 722 | 成都 | 30.67 | 10 392 | $\theta+2$ | 10 304 |
| 南京 | 32.00 | 13 099 | $\theta+5$ | 14 207 | 贵阳 | 26.58 | 10 327 | $\theta+8$ | 10 235 |
| 太原 | 37.78 | 15 061 | $\theta+5$ | 17 394 | 昆明 | 25.02 | 14 194 | $\theta-8$ | 15 333 |
| 郑州 | 34.72 | 13 332 | $\theta+7$ | 14 558 | 拉萨 | 29.70 | 21 301 | $\theta-8$ | 24 151 |
| 西宁 | 36.75 | 16 777 | $\theta+1$ | 19 617 | 合肥 | 31.85 | 12 525 | $\theta+9$ | 13 299 |
| 兰州 | 36.05 | 14 966 | $\theta+8$ | 15 842 | 杭州 | 30.23 | 11 668 | $\theta+3$ | 12 372 |
| 银川 | 38.48 | 16 553 | $\theta+2$ | 19 615 | 南昌 | 28.67 | 13 094 | $\theta+2$ | 13 714 |
| 西安 | 34.30 | 12 781 | $\theta+14$ | 12 952 | 福州 | 26.08 | 12 001 | $\theta+4$ | 12 451 |
| 上海 | 31.17 | 12 760 | $\theta+3$ | 13 691 | 济南 | 36.68 | 14 043 | $\theta+6$ | 15 994 |

一般情况下在计算发电量时，是在方阵面完全没有阴影的前提下得到的。因此，如果太阳能电池不能被日光直接照到时，那么只有散射光可以用来发电，此时的发电量比无阴影时要减少10%～20%。针对这种情况，要对理论计算值进行校正。通常，在方阵周围有建筑物及山峰等时，太阳出来后，建筑物及山的周围会存在阴影，因此在选择敷设方阵的地方时应尽量避开阴影。若无法避开，应从太阳能电池的接线方法上进行解决，使阴影对发电量的影响降到最低程度。另外，如果方阵是前后放置时，后面的方阵与前面的方阵之间距离接近后，前边方阵的阴影会对后边方阵的发电量产生影响。有一个高为 $L_1$ 的竹竿，其南北方向的阴影长度为 $L_2$，太阳高度（仰角）为 $A$，在方位角为 $B$ 时，假设阴影的倍率为 $R$，则

$$R = L_2/L_1 = \cot A \times \cos B$$

此式应按冬至那一天进行计算，因为，那一天的阴影最长。例如方阵的上边缘的高度为

$h_1$，下边缘的高度为 $h_2$，则方阵之间的距离 $a=(h_1-h_2)\times R$。当纬度较高时，方阵之间的距离加大，相应地设置场所的面积也会增加。对于有防积雪措施的方阵来说，其倾斜角度大，因此使方阵的高度增大，为避免阴影的影响，相应地也会使方阵之间的距离加大。通常在排布方阵阵列时，应分别选取每一个方阵的构造尺寸，将其高度调整到合适值，从而利用其高度差使方阵之间的距离调整到最小。

### 9.1.3 支架

光伏发电系统安装前需设计和制作适当的金属支架，用以支撑和架起光伏组件。支架应针对用户安装使用地点的具体情况专门设计，下列两点因素对设计、生产和安装支架尤其重要，应充分考虑。

（1）应当避免洪水或其他不可预测事件的损坏，防止产生剧烈冲击。

（2）应当将组件的受光面朝向太阳辐射方向，设计一定的倾斜角，以保证尽可能使太阳光线直接照射到组件受光表面。

### 9.1.4 蓄电池参数

太阳能电池系统的储能装置主要是蓄电池。与太阳能电池方阵配套的蓄电池通常工作在浮充状态下，其电压随方阵发电量和负载用电量的变化而变化。它的容量比负载所需的电量大得多。蓄电池提供的能量还受环境温度的影响。为了与太阳能电池匹配，要求蓄电池工作寿命长且维护简单。

**1. 蓄电池的选用**

能够和太阳能电池配套使用的蓄电池种类很多，目前广泛采用的有铅酸免维护蓄电池、普通铅酸蓄电池和碱性镍镉蓄电池三种。国内目前主要使用铅酸免维护蓄电池，因为其固有的"免"维护特性及对环境污染较少的特点，很适合用于性能可靠的太阳能发电系统，特别是无人值守的工作站。普通铅酸蓄电池由于需要经常维护及其环境污染较大，所以主要适用于有维护能力或小规模发电场合。碱性镍镉蓄电池虽然有较好的低温、过充、过放性能，但由于其价格较高，仅适用于较为特殊的场合。

**2. 蓄电池组容量的计算**

蓄电池的容量对保证连续供电是很重要的。在一年内，光伏方阵发电量各月份有较大差别。方阵的发电量在不能满足用电需要的月份，负载须靠蓄电池的电能给以补足；在超过用电需要的月份，蓄电池将多余的电能储存起来。所以方阵发电量的不足和过剩值，是确定蓄电池容量的依据之一。同样，连续阴雨天期间的负载用电也必须从蓄电池取得。所以，这期间的耗电量也是确定蓄电池容量的因素之一。

蓄电池的容量 $B_C$ 计算公式为

$$B_C = A \times Q_L \times N_L \times T_0 / CC$$

式中　$A$ 为安全系数，取 1.1～1.4 之间；

$Q_L$ 为负载日平均耗电量，为工作电流乘以日工作小时数；

$N_L$ 为最长连续阴雨天数；

$T_0$ 为温度修正系数，一般在 0℃以上取 1，-10℃以上取 1.1，-10℃以下取 1.2；

CC 为蓄电池放电深度，一般铅酸蓄电池取 0.75，碱性镍镉蓄电池取 0.85。

### 9.1.5 光伏组件参数

**1. 光伏组件串联数 $N_s$**

光伏方阵的输出功率与并联的组件串数量有关，串联是为了获得所需要的工作电压，并联是为了获得所需要的工作电流，适当数量的组件经过串并联即组成所需要的太阳能电池方阵。将太阳能电池组件按一定数目串联起来，就可获得所需要的工作电压，但是，太阳能电池组件的串联数必须适当。串联数太少，串联电压低于蓄电池浮充电压，方阵就不能对蓄电池充电。如果串联数太多使输出电压远高于浮充电压时，充电电流也不会有明显的增加。因此，只有当太阳能电池组件的串联电压等于合适的浮充电压时，才能达到最佳的充电状态。

计算方法如下

$$N_s = U_R/U_{oc} = (U_f + U_D + U_c)/U_{oc}$$

式中 $U_R$ 为太阳能电池方阵输出最小电压；

$U_{oc}$ 为光伏组件的最佳工作电压；

$U_f$ 为蓄电池浮充电压；

$U_D$ 为二极管压降，一般取 0.7V；

$U_c$ 为其他因素引起的压降。

蓄电池的浮充电压和所选的蓄电池参数有关，应等于在最低温度下所选蓄电池单体的最大工作电压乘以串联的电池数。

**2. 光伏组件并联数 $N_p$**

在确定 $N_P$ 之前，我们先确定其相关量的计算方法。

（1）将太阳能电池方阵安装地点的太阳能日辐射量 $H_t$，转换成在标准光强下的平均日辐射时数 $H$（日辐射量参见表 9-1）

$$H = H_t \times 2.778/10000 \text{h}$$

式中 2.778/10000（m²/kJ）为将日辐射量换算为标准光强（1000W/m²）下的平均日辐射时数的系数。

（2）光伏组件日发电量 $Q_p$

$$Q_p = I_{oc} \times H \times K_{op} \times C_z$$

式中 $I_{oc}$ 为太阳能电池组件最佳工作电流；

$K_{op}$ 为斜面修正系数；

$C_z$ 为修正系数，主要为组合、衰减、灰尘、充电效率等的损失，一般取 0.8。

（3）两组最长连续阴雨天之间的最短间隔天数 $N_w$，此数据为本设计之独特之处，主要考虑要在此段时间内将亏损的蓄电池电量补充起来，需补充的蓄电池容量 $B_{cb}$ 为

$$B_{cb} = A \times Q_L \times N_L \text{(Ah)}$$

式中，$A$ 为安全系数，取 1.1~1.4 之间，$Q_L$ 为负载日平均耗电量；$N_L$ 为最长连续阴雨天数。

(4) 太阳能电池组件并联数 $N_p$ 的计算方法为

$$N_p = (B_{cb} + N_w \times Q_L)/(Q_p \times N_w)$$

式中，$Q_p$ 为太阳能电池组件日发电量。

并联的太阳能电池组组数，在两连续阴雨天之间的最短间隔天数内所发电量，不仅需供负载使用，还需补足蓄电池在最长连续阴雨天内所亏损的电量。

**3. 光伏方阵的功率计算**

根据光伏组件的串并联数，即可得出所需太阳能电池方阵的功率

$$P = P_o \times N_s \times N_p$$

式中  $P_o$ 为光伏组件的额定功率。

### 9.1.6 设计实例

以某地面卫星接收站为例，负载电压为 12V，功率为 25W，每天工作 24h，最长连续阴雨天为 15 天，两最长连续阴雨天最短间隔天数为 30 天，太阳能电池采用云南半导体器件厂生产的 38D975×400 型组件，组件标称功率为 38W，工作电压为 17.1V，工作电流为 2.22A，蓄电池采用铅酸免维护蓄电池，浮充电压为 (14±1) V。其水平面太阳辐射数据参照表 9-1 所示。其水平面的年平均日辐射量为 12 110kJ/m²，$K_{op}$ 值为 0.885，最佳倾角为 16.13°，计算太阳能电池方阵功率及蓄电池容量。

(1) 蓄电池容量 $B_c$

$$B_c = A \times Q_L \times N_L \times T_o/CC = 1.2 \times (25/12) \times 24 \times 15 \times 1/0.75 = 1200(Ah)$$

(2) 太阳能电池方阵功率 $P$ 计算如下。

$$N_s = U_R/U_{oc} = (U_f + U_D + U_C)/U_{oc} = (14 + 0.7 + 1)/17.1 = 0.92 \approx 1$$

$$Q_p = I_{oc} \times H \times K_{op} \times C_z = 2.22 \times 12110 \times (2.778/10000) \times 0.885 \times 0.8 \approx 5.29Ah$$

$$B_{cb} = A \times Q_L \times N_L = 1.2 \times (25/12) \times 24 \times 15 = 900Ah$$

$$Q_L = (25/12) \times 24 = 50Ah$$

$$N_p = (B_{cb} + N_w \times Q_L)/(Q_p \times N_w) = (900 + 30 \times 50)/(5.29 \times 30) \approx 15$$

故太阳能电池方阵功率为

$$P = P_o \times N_s \times N_p = 38 \times 1 \times 15 = 570W$$

## 9.2 光伏系统的安装施工

### 9.2.1 安装原则

**1. 安装地点**

安装地点须选择阳光充足，无建筑物、树木或地形遮挡，环境干燥，无震动的平坦的地方。

### 2. 固定支架

按光伏组件的尺寸大小做成相应的角铁支架,将组件用螺钉固定,支架放置于地面应平稳不晃动。有大风的地方应对支架进行加固,在无硬化的地上钉帐篷钉,硬化的地上可预埋螺栓或用重物加压。光伏组件的平面应与地面成一定的倾斜角度,角度的大小应根据当地的纬度确定,在固定过程中,光伏组件表面如被污染,应立即用软布擦拭干净,不允许有油迹和污斑存在。

### 3. 连接装置

光伏组件之间串并联的连接,光伏组件与控制器充电插孔之间的连接,必须用有橡胶绝缘层的电缆线,其主要导线截面按电流大小确定,原则上不得小于 $4mm^2$。其接插件应接触可靠,外露部分应有防水防尘性能。

### 9.2.2 产品装卸

将包括光伏组件产品在内的全部器材及辅助设备运抵安装现场,按运输与搬运装卸的规范要求实行产品的核查、装卸、堆放。

在运输中所有器材、零部件都要妥善包装,注意防潮、防压、防水、防止互相及与其他硬物撞击,并且易于顺序拿取,以便提高安装效率。

### 9.2.3 安装和固定

光伏阵列无论是安装在建筑物屋顶上,还是在野外,安装时都应尽可能使组件正面朝向正午时的太阳光线,并根据当地太阳倾角进行准确的安装角度调整,以保证光伏阵列实现最大的太阳辐射接收量。

光伏组件阵列调整好安装位置后,便可进行组件的固定,应保证组件背面安装孔与支架安装孔相互对正同心,用扳手拧紧不锈钢螺钉和螺母。

### 9.2.4 接线操作

(1)根据用户系统的电流、电压、功率要求与配置以及相应绘制的串并联施工图,用符合电工规范的线缆对光伏组件进行串并联连接。

(2)根据光伏系统的技术要求,按说明书将光伏组件阵列与配电箱内的接线柱进行连接。

光伏组件与控制器之间的导线的连接,由于是从室外到室内的,且距离较长,为防止外界环境的影响使导线加速老化或损坏,可将导线穿入 PVC 管埋入地下接入室内(不包括便携式光伏电源产品)。

光伏系统中逆变器与蓄电池之间需承受低电压、大电流,这就要求边线距离应尽可能短,并将其放置于不易受外界干扰的位置。

导线与部件间的连接部、导线与导线间的接头处必须保证良好的绝缘性能并保持其周边干燥。

### 9.2.5 蓄电池（组）的安装

（1）蓄电池应竖直放置，不可倒置或平躺。

（2）蓄电池之间及其与控制器之间的连线应牢固不松动，连接导线的规格应根据电池容量选择。

（3）蓄电池一般可放置在控制器箱内，其环境温度应控制在 $-5 \sim +40$℃范围内。此外，蓄电池（组）及控制逆变器部件要求放置于较为干燥且周边环境温度变化范围较小的地方。

### 9.2.6 逆变、控制器安装

（1）逆变、控制器应放置在室内干燥、无腐蚀性气体、避免阳光直射的地方。一般放置于易操作的地方，且应放置稳固并使孩童不易触及。

（2）逆变、控制器与最远负载之间的距离应尽可能短。

（3）当使用非密封式的铅酸蓄电池时，逆变、控制器应与蓄电池隔离放置，以避免受酸雾腐蚀。

（4）由于蓄电池与控制器之间的连接导线电流较大，其连接距离（导线长度）应尽可能短。

### 9.2.7 负载选择

（1）负载总功率的大小不应超过太阳能光伏组件或控制器的输出功率。

（2）应根据蓄电池的容量来选择负载功率，其基本要求是在正常日照时，蓄电池每天能储存的太阳能可满足负载一天使用的电能或有部分盈余。

（3）对交流负载，应选择能适用逆变器的输出电压波形特性的电器。如用只能使用正弦波交流电的电器，应选择有标准正弦波输出的逆变器。

### 9.2.8 注意事项

（1）严格避免各种用电器及导线短路，太阳能光伏组件支架安装必须牢固、稳定。

（2）太阳能光伏组件必须按正确方位角及倾斜角安装，避免尘垢污染。

（3）蓄电池使用过程中，当电压指示在11V以下警示区时（红色区或听到报警声），表明蓄电池充电不足，应立即打开开关，停止使用，再次充电至正常使用区（绿色区）以上方可使用（具有自动控制功能的产品除外）。

（4）太阳能光伏组件或控制器、逆变器接好后不宜经常插拔。

（5）蓄电池箱体切勿倾斜，更不可倒置，以免电解液溢出，损坏设备或伤及人体。

（6）蓄电池正负两极不可短路，否则将导致严重过热而损坏蓄电池。

（7）设备间灯具必须使用专用高效节能灯，不可使用其他灯具，切勿触摸灯头电极，不可擅自加长电线或其他用电器的连接导线，首次使用前最好先将蓄电池充满电再使用。

（8）严禁将直流电源及用电器接入交流电源。

（9）无独立民事能力人禁止进入光伏电站。

## 9.3 光伏系统的维护与管理

### 9.3.1 光伏组件维护

光伏组件在出厂前已经过 GB/T 19064—2003 或 IEC 61212—1993（地面用晶体硅光伏组件中设计鉴定与定型）等产品质检标准的各项性能测试。如在运输和储存的过程中，未出现外观严重缺陷等问题，在规定工作环境下，使用寿命应大于 20 年（使用 20 年，效率不低于原来效率的 80%），太阳能光伏组件的质量是可靠的，因此在维护保养方面较为简单易行，用户应经常保持板面清洁，抹去灰尘，尤其要避免污物遮盖，产生热斑效应。有大风的地方注意加固支撑架，避免刮倒，导致损坏。

由于太阳能电池制造工艺的特殊性，对于较严重的故障，如无输出或输出功率大幅降低等，一般用户无法自行检修，如在质量保证期内则应找产品厂家更换或找其保修部门处理。

### 9.3.2 蓄电池维护

蓄电池完成直流电能的存储并向用电器供电，目前国内尚无光伏系统专用蓄电池，多采用密闭式铅酸蓄电池。这种电池使用便利、安全、免维护。光伏系统蓄电池通常在浮充状态下使用，如使用得当，其实际使用寿命可大为提高。通常应放在通风干燥、散热条件良好的地方，并远离发热体，避免高温和低温，保持表面清洁。如在室外，要注意防风沙，防雨，防强太阳光曝晒或低温环境。使用过程中避免过充或过放，也不能长期搁置不用，如遇长时间不用时，应置于阴凉干燥处，并至少每隔两个月充电一次。

**1. 放电状态**

密封铅酸蓄电池使用环境温度通常为 $-20 \sim +40$℃，使用环境温度和充放电时间对电池放电电流有很大影响，如表 9-2 所示。连续放电电流要求为 $3C_{20}/C_{10}$（额定容量）以下，其中，$C_t$ 表示电池放电时间为 $t$（h）时的平均电流值，如蓄电池容量为 1000mAh，则 $C_{10} = 100$mA。放电终止电压随电流大小而变化。放电时，电压不得低于表 9-3 中所规定的电压。

表 9-2 温度对容量的影响

| 放电时间(min) \ 温度(℃) 放电电流(A) | -15 | -10 | -5 | 0 | 10 | 15 | 20 | 25 | 30 | 35 | 40 |
|---|---|---|---|---|---|---|---|---|---|---|---|
| 5 | 0.46 | 0.52 | 0.58 | 0.65 | 0.78 | 0.85 | 0.93 | 1.00 | 1.07 | 1.15 | 1.22 |
| 60 | 0.59 | 0.64 | 0.69 | 0.74 | 0.85 | 0.90 | 0.95 | 1.00 | 1.05 | 1.09 | 1.14 |
| 600 | 0.71 | 0.75 | 0.79 | 0.82 | 0.90 | 0.93 | 0.97 | 1.00 | 1.00 | 1.06 | 1.08 |

表9-3 放电终止电压随放电电流变化的终止电压阈值

| 放电电流 $I$ (A) | $I < 0.2\, C_{20}/C_{10}$ | $0.2\, C_{20}/C_{10} \leqslant I < 0.6\, C_{20}/C_{10}$ | $0.6\, C_{20}/C_{10} \leqslant I < 1.0\, C_{20}/C_{10}$ | $I \geqslant 1.0\, C_{20}/C_{10}$ |
|---|---|---|---|---|
| 放电终止电压 $U$ (V/单体) | 1.75 | 1.70 | 1.6 | 1.4 |

## 2. 充电状态

（1）浮充使用。2.275V/单体（25℃±2℃）恒压充电，温度在20℃以下或30℃以上时，应对充电电压进行修正，温度每升高1℃，浮充电压降低3mV/单体，反之提高3mV/单体，不同温度下的浮充电压如表9-4所示。

表9-4 不同温度下的浮充电压

| 温度（℃） | 1 | 10 | 20 | 25 | 30 | 35 |
|---|---|---|---|---|---|---|
| 浮充电压（V） | 2.33~2.36 | 2.30~2.33 | 2.27~2.30 | 2.25~2.28 | 2.24~2.27 | 2.22~2.25 |

（2）循环使用（快速充电）。2.45V/单体（25℃±2℃）恒压充电，温度在20℃以下或30℃以上充电时，应对充电电压进行修正，温度每升高1℃，充电电压降低3mV/单体，反之提高3mV/单体。最大充电电流不应超过 $0.3\, C_{20}/C_{10}$。

（3）充入电量设置。充入电量设置为放出电量的105%~115%（环境温度在15℃以下时，应设为放出容量的115%~125%）或恒压后充电电流3h基本稳定不变，充电终止。

（4）温度越低（5℃以下），充电效率就越低，电池就越有充电不足的隐患；温度越高（35℃以上）越容易发生电池热失控的隐患，所以推荐电池使用环境温度为0~30℃。

（5）为防止过充电，应安装防过充控制器。

（6）充电电流推荐为 $0.05\, C_{20}/C_{10}$，最大不能超过 $0.1\, C_{20}/C_{10}$；充电电压允许在±2.5%的范围内瞬间波动。

## 3. 蓄电池的储存

（1）储存环境温度为-5~45℃。

（2）电池储存前应处于完全充电状态，储存地点应清洁、通风、干燥，并对电池有防尘、防潮、防碰撞等防护措施，严禁将电池置于封闭容器中。

（3）由于电池在储存过程中会发生性能劣化，要尽可能缩短电池的储存期限。

（4）长期储存时，为弥补电池自放电，要进行补充充电，补充电的方法如表9-5所示。

表9-5 补充充电方法

| 储存温度 | 补充电的间隔 | 补充电方法（任选一种） |
|---|---|---|
| 25℃以下 | 6个月1次 | （1）以 $0.25\, C_{20}$ 限流、2.275V/单体的恒压充电2~3天； |
| 25~30℃ | 4个月1次 | |
| 30~35℃ | 3个月1次 | （2）以 $0.25\, C_{20}$ 限流、2.40V/单体的恒压充电10~16h |
| 35~40℃ | 2个月1次 | |

## 4. 注意事项

（1）放电后应迅速充电。

（2）严防电池短路，以免引起电池爆炸或损坏设备。

（3）严防将电池放在靠近热源的地方，以防造成电池变形和产生可燃气体。

（4）严防将电池置于密闭容器中使用，否则，由于过充电产生的气体可能引发电池爆炸。

（5）0～35℃的温度条件下使用，有助于延长电池寿命。

（6）若使用过程中会造成电池剧烈振动，请将电池紧固安装，以防产生火花。

（7）注意电池间连线正确无误，无松动，不要短路。

（8）定期对电池检查，如发现性能异常、鼓壳、裂纹、变形、漏液，应及时与供应方联系，查清原因，更换电池。

（9）必须定期擦拭掉蓄电池外部灰尘，可用室温水或温水浸湿过的清洁布片进行清理，不得使用有机溶剂（如汽油、乙醇等）进行清洗，以防损坏电池壳，另外，避免使用化纤布片。

### 9.3.3 控制器维护

太阳能光伏电源系统中，控制器的基本功能是对蓄电池工作状态进行有效监控，选择与负载相匹配合理的输出配电方式，要求其可靠性高，以便于在偏远地区使用，而且维修方便。因此，复杂的电路虽可在一定程度上增强系统功能，但无疑降低了可靠性，增加了维修难度，对于普及型产品不宜采用，可采用用户使用方便和安全的定向固定插接及避免短路损坏的保护器件（如可使用正温度系数电阻（PTC）等）。较高质量的光伏系统都设置有蓄电池充放电控制器，采用电子自动化技术保证蓄电池使用寿命。

一般而言，一旦控制器发生故障，由分立电子元器件构成的 PCB 电路板较易修复，而包含有大规模的集成电路等印刷器件的 PCB 电路板不易修复，只能整体更换。

### 9.3.4 逆变器维护

逆变器将蓄电池的直流电压转换为 220V 的交流电压（DC/AC），以供常用的交流电器使用，逆变器电路较为复杂，直流输入有 12V、24V、48V 等，交流输出波形有非正弦波（方波、阶梯波、脉冲波等）及正弦波两种，对于一般负载（阻性），如收录机、电视机等，可用非正弦波。但对于感性负载，如电动机、变压器、冰箱压缩机等，必须使用正弦波逆变器，正弦波逆变器价格较高。另外，逆变器的输出功率应与负载功率相适应，过轻或过重将使逆变器转换效率降低、电压升高或损坏。光伏电源专用逆变器一般有过载指示和短路保护功能。逆变器的转换效率（输出功率与输入功率之比）应达到 80% 以上。

## 9.4 光伏组件的返修与服务

### 9.4.1 基本故障

光伏组件一般在野外且无防护的环境中使用，温度为 40～85℃，环境湿度最大可达 95%，长期受强光辐照和冰雹、风沙雷电等袭击，同时受腐蚀性气体和物质的影响，一般商业产品寿命约为 25 年。

组件在使用中常见的问题及故障分析如下。

(1) 无输出功率

故障可能为：1) 断路性故障，脱焊、电池电极烧结不良、虚焊；

2) 短路性故障，汇流条短路、二极管击穿。

(2) 组件功率衰减过大

故障可能为：1) 串联电阻增大、电池焊带存在老化、焊接不良、接线盒接触不良等现象；

2) 并联电阻减小、电池片微短路、二极管存在反向电流。

(3) EVA 脱层和再熔化、气泡

故障可能为：EVA 过期或污染、玻璃污染、环境污染。

(4) TPT 折皱、剥离或脱层

故障可能为 TPT 存放和使用时间过长、TPT 组件工艺不良、玻璃污染、环境污染。

(5) 其他故障。如接线盒移位、电池串移位、接线盒接触不良、接线盒二极管性能变差、接线盒密封不良。

### 9.4.2 维修准备

(1) 穿好工作衣、工作鞋，戴好工作帽、隔热手套。

(2) 清洁、整理工作场地、设备和工具。

### 9.4.3 维修过程

典型故障的分析与处理如下所示。

**1. 对组件内部气泡的处理**

(1) 小心取下 TPT 并保持整洁。

(2) 小心去除气泡。

(3) 覆盖一张相应规格的 EVA，然后覆盖上 TPT。

**2. 对组件电池片叠片、碎片的处理**

(1) 小心取下 TPT 并保持整洁。

(2) 将叠片、碎片铲除，并清洁被铲除的区域，注意不要损坏周围完好的电池片。

(3) 用一张小的 EVA 覆盖被铲除区域。

(4) 使用同档电池片小心焊接上去。

(5) 覆盖一张相应规格的 EVA，然后放上 TPT。

### 9.4.4 返修单上作好记录

返修完成后，在返修单上作好记录。

### 9.4.5 操作结束后进行自检

(1) 返修的组件内无明显杂物。

(2) 返修单清晰明了。
(3) 返修完毕送层压、固化工序。

**阅读材料**

以下为某企业光伏组件的质量保证书，借此了解企业实际情况。

凯特太阳能有限公司对使用该公司产品的用户，按照规定的质保等级条件提供下列有限责任的质量保证服务。

质量保证期限是指从用户购买该产品之日起计算的时间。

质量保证内容以如表9-6所示。

表9-6 质保内容

| 质量保证标志 | 材料和制造质量保证 | 输出功率质量保证 |
| --- | --- | --- |
| 20—10—2 | 2年内，有限责任下保证产品的材料与制造无缺陷 | 10年内，有限责任下保证产品输出功率下降不大于10%；<br>20年内，有限责任下保证产品输出功率下降不大于20% |

## 一、质量保证条款说明与解释

1. 2年的材料和制造质量保证

本公司对产品的材料和制造进行有限责任的质量保证，在其销售的产品质量保证期限内，不应当出现材料和制造方面的缺陷，如经检验，确属该类缺陷，本公司在如下条款的前提下，提供质量保证服务：公司对产品缺陷进行维护、修理、对产品进行更换；或由用户在征得本公司同意的前提下，自行进行维护、修理、对产品进行更换，所发生的费用按本公司的计算方法对用户进行补偿。

2. 关于产品输出功率下降比例的质量保证

本公司对所售出的产品，10年内有限责任下，保证产品输出功率下降不大于10%；25年内有限责任下，保证产品输出功率下降不大于20%。

如果经本公司在标准测试条件下（STC）检测后确定，其产品在保证期内，若输出功率未达到质量保证的范围，本公司将进行维护、修理、对产品进行更换，使其功率输出达到质量保证的范围。

## 二、一般信息与通用条件

下列条件适用于所有有质量保证的产品。

（1）根据本质量保证书，本公司在产品维护、修理、对产品进行更换后，更换下来的部件或产品属于本公司所有；

（2）根据本质量保证书，本公司不承担用户方面由于维护、修理、对产品进行更换时所发生的现场劳务、产品拆卸及运输的费用；

（3）本质量保证书强调将对如下用户的利益进行保障：

1）购买者购买该产品时，是以其自用而非以营利为目的的；

2）建筑物的购买者，该产品在购买时已被安装在其建筑物上。

### 三、有限与免责条款

下列有限与免责条款内容适用于所有质量保证下的产品。

（1）质量保证条款对由下列原因引起的产品损坏、损伤、故障或产品功能失效不承担责任：

1）未遵守本公司的安装、操作或维修说明；

2）由非本公司认定的技术服务人员修理、调整、搬运产品，或者未征得本公司同意，擅自将产品与不恰当的非本公司的设备进行连接；

3）不当的使用或疏忽行为造成产品功能故障；

4）断电冲击、雷击、火灾、洪水、虫害、意外损失以及第三方的行为引起，或者是本公司无法控制的、在正常操作下不会发生的其他事件引起。

（2）除了在此明确和隐含的保证之外，本公司不再有其他附加的质量保证含义的解释；

（3）任何隐含的保证（包括为某一特定目的的适用性保证），也仅局限在本质量保证的期限内；

（4）本公司不对任何由于违反质保条款的不当使用引起的损坏、丢失负责；对于材料和制造引起的缺陷，购买方获得的补偿最高以产品购买价格为限；

（5）如果购买方是自然人，本质量保证对购买人的疏忽行为引起的个人人身伤亡不存在相关关系；

本公司对公司员工及代理人员的疏忽行为造成购买方人身伤亡的不构成连带责任；

（6）购买方购买行为的法定权利不受此质量保证的影响。

## 9.4.6 CS—08B型太阳能控制器使用说明书

### 1. 简介

太阳能电源控制器是有效控制太阳能电池向蓄电池充电，使蓄电池在安全工作电压、电流范围内工作的装置。它的控制性能直接影响蓄电池的使用寿命和系统效率。CS—08B型太阳能电源控制器采用智能控制和无触点控制技术，并具备反接、欠压、过充、短路、过流各种保护功能，可作为牧区、边防、海岛的照明电源控制器，也可作为移动通信基站、微波站等的直流电源控制器。

### 2. 保护及温度补偿功能

（1）蓄电池反接保护：蓄电池"＋"、"－"极性接反，熔丝熔断，控制器不工作，更换熔丝后可继续使用。

（2）太阳能电池反接保护：太阳能电池"＋"、"－"极性接反，防反接电路开始工作使蓄电池无法充电，纠正后可继续使用。

（3）负载过流及短路保护：负载电流超过额定电流或负载短路后，熔丝熔断，更换后可继续使用。

（4）蓄电池开路保护：一旦蓄电池开路，若在太阳能电池正常充电时，控制器将限制负载两端电压，以保证负载不受损伤，若在夜间或太阳能电池不充电时，控制器由于自身得不到电力供应，不会有任何动作。

（5）温度补偿功能：本控制器带有温度补偿功能，温度升高，充电保护点将相应降低。

### 3. 技术指标

CS-08B型太阳能控制器技术指标如表9-7所示。

表9-7　CS-08B型太阳能控制器技术指标

| 指　标 | 参　数　值 |
| --- | --- |
| 额定电压（V） | 12 |
| 额定电流（A） | 8 |
| 允许太阳能充电最大电流（A） | 8 |
| 允许太阳能最大开路电压（V） | 25 |
| 过充（V） 保护 | 14.4 |
| 过充（V） 恢复 | 13.6 |
| 过放（V） 断开 | 10.8 |
| 过放（V） 恢复 | 11.7 |
| 空载电流（A） | 0.02 |
| 电压降落（V） 太阳能电池与蓄电池之间 | 0.4 |
| 电压降落（V） 蓄电池与负载之间 | 0.2 |
| 外形尺寸（长(mm)×宽(mm)×高(mm)） | 185×110×45 |
| 参考重量（kg） | 0.5 |
| 使用环境温度（℃） | -20～+50 |
| 使用海拔（m） | ≤5000 |

### 4. 安装

（1）请按接线端子接线，先接蓄电池，再将太阳能电池接入"太阳能输入"端子，最后将负载接入"负载"端子。

（2）接线端子示意图如图9-2所示。

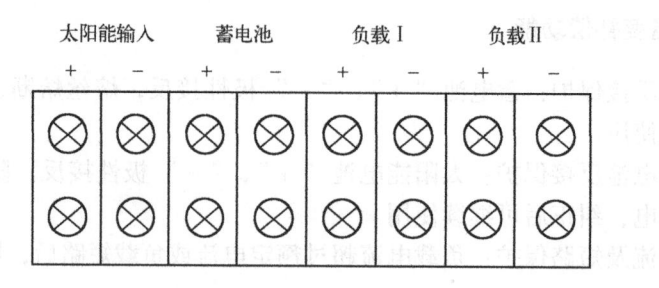

图9-2　接线端子示意图

### 5. 工作过程说明

(1) 初次开机，若蓄电池电压大于 10.8V，若未接入太阳能电池，6min 后由蓄电池向负载供电。

(2) 该控制器带光控功能。太阳能电池板对蓄电池充电能力的强弱依赖于太阳光的强弱。当太阳能电池板的输出电压持续高于 6.2V（可调，顺时针方向旋动"关闭"电位器，电压阈值上限将上升）至少 6min 时，系统认为太阳光较强处于白天，此时控制器将关闭输出；当太阳能电池板的电压持续低于 1.5V（可调，顺时针方向旋动"启动"电位器，电压阈值下限将上升）至少 6min 时，系统认为太阳光线较弱或处于夜间，此时控制器将关闭输出。

(3) 光控定时功能使用方法

1) 负载Ⅰ、Ⅱ拨码开关未处于"ON"状态时，两路输出均为光控不定时状态；

2) 负载Ⅰ拨码开关全部处于"ON"状态时，定时时间为 1+2+3+4+5=15h，如果需定时 6h，则将拨码开关"1、5"或"1、2、3"或"2、4"三种组合中的任一种组合置于"ON"状态即可。负载Ⅱ的拨码开关定时时间选择方法同负载Ⅰ。

3) 负载Ⅰ拨码开关未置于"ON"状态时，负载Ⅱ的输出不受负载Ⅰ关断的影响。

4) "方式"拨码开关仅使用 1 挡，2 挡未使用，"方式"拨码开关 1 挡置于"ON"状态时，负载Ⅱ输出不受负载Ⅰ关断影响；"方式"拨码开关 1 挡未置于"ON"状态且负载Ⅰ处于光控定时状态时，负载Ⅱ的输出为负载Ⅰ光控定时结束后启动。

(4) 当蓄电池的输出电压高于 14.4V 时处于过充状态，将关断太阳能充电，延时 3min 后且蓄电池电压降到 13.6V 时太阳能将重新充电。

(5) 当蓄电池的输出电压低于 10.8V 时处于过放状态，输出延时 10s 后将关断控制器的输出，电压恢复到 11.7V 时且太阳能电池电压持续高于"关闭"电压阈值至少 6min，且太阳能电压又持续低于"启动"电压阈值 6min 后，控制器将重新输出。

### 6. 指示灯介绍

指示灯示意图如图 9-3 所示。

图 9-3 指示灯示意图

(1) 充电指示灯："充电"指示灯亮表明太阳能电池板处于充电状态，指示灯熄灭表明蓄电池已充满或是在夜间。

(2) 电量指示灯："电量"灯指示蓄电池电量的多少。以 12V 蓄电池系统为例，当蓄电池电压小于或等于 10.8V 时，电量指示灯为红色且闪烁；当电压在 10.8~12.3V 之间，电量指示灯为红色但不闪烁；当电压在 12.3~12.8V 之间时，电量指示灯为橙红色；当电压大于 12.8V 时，电量指示灯为绿色。

(3) 负载Ⅰ指示灯：指示灯亮表明负载Ⅰ有输出。
(4) 负载Ⅱ指示灯：指示灯亮表明负载Ⅱ有输出。

### 7. 安全警告及注意事项

(1) 请勿在接太阳能电池的端子上接稳压电源或任何充电器，否则会损坏控制器。
(2) 请勿将蓄电池错接到太阳能电池的端子上。

## 项目评价

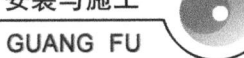

根据本章实训完成情况，对工作过程进行评价，评价表如表9-4所示。

表9-4 光伏系统设计、安装与施工项目实训评价表

| 项目 | 指标 | 分值 | 评价方式 |  |  | 备注 |
|---|---|---|---|---|---|---|
|  |  |  | 自测（评） | 互测（评） | 师测（评） |  |
| 任务完成情况 | 光伏方阵的设计 | 10 |  |  |  |  |
|  | 系统安装与施工 | 10 |  |  |  |  |
|  | 系统维护与管理 | 10 |  |  |  |  |
|  | 组件返修操作 | 10 |  |  |  |  |
| 技能技巧 | 操作用时 | 10 |  |  |  |  |
|  | 团队协作 | 10 |  |  |  |  |
|  | 操作规范性 | 10 |  |  |  |  |
| 职业素养 | 实训态度和纪律 | 10 |  |  |  | 1. 按照6S管理要求规范摆放 |
|  | 安全文明生产 | 10 | — | — |  | 2. 按照6S管理要求保持现场 |
|  | 工量具定置管理 | 10 | — | — |  |  |
| 合计分值 |  |  |  |  |  |  |
| 综合得分 |  |  |  |  |  |  |
| 教师指导评价 | 专业教师签字：_____　　____年____月____日　　实训指导教师签字：_____　　____年____月____日 ||||||
| 自我评价小结 | 实训人员签字：_____　　____年____月____日 ||||||

# 参 考 文 献

[1] 刘寄声. 太阳电池加工技术问答. 北京：化学工业出版社，2010.01.
[2] 杨金焕，于化丛，葛亮. 太阳能光伏发电应用技术. 北京：电子工业出版社，2009.01.
[3] 杨德仁. 太阳能电池材料. 北京：化学工业出版社，2006.10.
[4] 滨川圭弘. 太阳能光伏电池及其应用. 北京：科学出版社，2008.9.
[5] 吴财福. 太阳能光伏并网发电及照明系统. 北京：科学出版社，2009.11.
[6] http://zhidao.baidu.com/百度知道 – 全球最大中文互动平台 栏目
[7] 熊绍珍，朱美芳. 太阳能电池基础与应用. 北京：科学出版社，2009.10.
[8] 沈辉，曾祖勤. 太阳能光伏发电技术. 北京：化学工业出版社，2005.09.
[9] 冯垛生. 太阳能发电技术与应用. 北京：人民邮电出版社，2009.09.
[10] 赵争鸣. 太阳能光伏发电及其应用. 北京：科学出版社，2005.10.
[11] Tom Markvart（英国），Luis Castaner（西班牙）. 太阳电池：材料、制备工艺及检测. 北京：机械工业出版社，2009.8.
[12] GB 12632—1990，单晶硅太阳电池总规范.
[13] GB/T 9535—1998，光伏太阳能产品标准（家用）.

# 反侵权盗版声明

电子工业出版社依法对本作品享有专有出版权。任何未经权利人书面许可，复制、销售或通过信息网络传播本作品的行为；歪曲、篡改、剽窃本作品的行为，均违反《中华人民共和国著作权法》，其行为人应承担相应的民事责任和行政责任，构成犯罪的，将被依法追究刑事责任。

为了维护市场秩序，保护权利人的合法权益，我社将依法查处和打击侵权盗版的单位和个人。欢迎社会各界人士积极举报侵权盗版行为，本社将奖励举报有功人员，并保证举报人的信息不被泄露。

举报电话：(010) 88254396；(010) 88258888
传　　真：(010) 88254397
E-mail：dbqq@phei.com.cn
通信地址：北京市海淀区万寿路 173 信箱
　　　　　电子工业出版社总编办公室
邮　　编：100036